1+X 证书制度试点培训用书

大数据工程化处理与应用实训
（中级）

北京新奥时代科技有限责任公司　组编

电子工业出版社
Publishing House of Electronics Industry
北京·BEIJING

内 容 简 介

本教材编写以《大数据工程化处理与应用职业技能等级标准》为依据，围绕大数据工程技术领域人才需求与岗位能力、通过项目任务教学法进行内容设计。本教材包括网络数据采集、离线数据采集、数据清洗计算、数据计算派生、数据处理、联机分析处理与决策报表应用、搜索系统与推送报表应用共 7 个项目 15 个任务的内容，涵盖"网络爬虫技术与应用""大数据 ETL 处理""大数据查询技术与应用"等专业核心课程。按照"引导案例-职业能力目标-任务描述与要求-任务资讯-任务计划与决策-任务实施-任务小结-任务拓展"的组织结构进行设计，以环境、交通、电子商务等不同行业的大数据应用情景作为教学案例。

本教材可作为 1+X 证书制度试点工作中的大数据工程化处理与应用职业技能等级标准的教学和培训教材，也可作为期望从事大数据行业中的大数据处理与应用相关领域工作人员的参考书。

图书在版编目（CIP）数据

大数据工程化处理与应用实训：中级 / 北京新奥时代科技有限责任公司组编. —北京：电子工业出版社，

2021.11

ISBN 978-7-121-42251-5

Ⅰ．①大… Ⅱ．①北… Ⅲ. ①数据处理 Ⅳ.①TP274

中国版本图书馆 CIP 数据核字（2021）第 217215 号

责任编辑：胡辛征　　　　特约编辑：田学清
印　　刷：中煤（北京）印务有限公司
装　　订：中煤（北京）印务有限公司
出版发行：电子工业出版社
　　　　　北京市海淀区万寿路 173 信箱　　　邮编：100036
开　　本：787×1092　　1/16　　印张：15.25　　字数：352 千字
版　　次：2021 年 11 月第 1 版
印　　次：2021 年 11 月第 1 次印刷
定　　价：59.00 元

凡所购买电子工业出版社图书有缺损问题，请向购买书店调换。若书店售缺，请与本社发行部联系，联系及邮购电话：（010）88254888，88258888。

质量投诉请发邮件至 zlts@phei.com.cn，盗版侵权举报请发邮件至 dbqq@phei.com.cn。

本书咨询联系方式：（010）88254361，hxz@phei.com.cn。

本书编委会名单

主　　任：谭志彬

副主任：张正球

委　　员：（按拼音顺序）

马东波　郝丽萍

黄智慧　秦传东

王欣欣　吴子颖

杨清山

前　言

2021 年 10 月，中共中央办公厅、国务院办公厅印发了《关于推动现代职业教育高质量发展的意见》。意见中提到，深化教育教学改革，要改进教学内容与教材，完善"岗课赛证"综合育人机制，按照生产实际和岗位需求设计开发课程，开发模块化、系统化的实训课程体系，提升学生实践能力。深入实施职业技能等级证书制度，及时更新教学标准，将新技术、新工艺、新规范、典型生产案例及时纳入教学内容。把职业技能等级证书所体现的先进标准融入人才培养方案。

《国家职业教育改革实施方案》要求把职业教育摆在教育改革创新和经济社会发展中更加突出的位置。对接科技发展趋势和市场需求，完善职业教育和培训体系，优化学校、专业布局，深化办学体制改革和育人机制改革，鼓励和支持社会各界特别是企业积极支持职业教育，着力培养高素质劳动者和技术技能人才。

实施 1+X 证书制度，培养复合型技术技能人才，是应对新一轮科技革命和产业变革带来的挑战、促进人才培养供给侧和产业需求侧结构要素全方位融合的重大举措；是促进职业院校加强专业建设、深化课程改革、增强实训内容、提高师资水平、全面提升教育教学质量的重要着力点；是促进教育链、人才链与产业链、创新链有机衔接的重要途径；对深化产教融合、校企合作，健全多元化办学体制，完善职业教育和培训体系有重要意义。

新一轮科技革命和产业变革的到来，推动了产业结构调整与经济转型升级新业态的出现。战略性新兴产业在爆发式发展的同时，也对新时代产业人才培养提出了新的要求与挑战。人力资源和社会保障部于 2020 年发布的《新职业——大数据工程技术人员就业景气现状分析报告》中提出，目前我国大数据产业开始加速发展，新技术不断落地，大数据行业中应用型企业与行业进行深度融合，广泛应用于工业、农业、金融、交通、电子商务等各行各业。大数据处理技术作为大数据产业链中基础和非常重要的一个环节，需要大量从事处理与应用工程技术的人员对接不同的数据来源，并对数据进行清洗、处理等操作，来满足大数据的后续应用。缺少这一环节，就会导致空有数据却无法使用或脏数据影响数据分析计算结果的情况，导致数据分析领域的技术往往难以真正地应用到企业中。随着大数据应用场景不断增加，大数据行业的企业对大数据处理与应用领域人才的需求量也在不断增加。

为贯彻落实《关于推动现代职业教育高质量发展的意见》和《国家职业教育改革实施方案》，积极推动 1+X 证书制度实施，北京新奥时代科技有限责任公司联合工业和信息化部教育与考试中心、北京新大陆时代教育科技有限公司组织编写了《大数据工程化处理与应用实训（中级）》教材。依据教育部有关落实《国家职业教育改革实施方案》的相关要求，以客观反映现阶段行业的水平和对从业人员的要求为目标，在遵循有关技术规程的基础上，以专业活动为导向，以专业技能为核心，以行业龙头企业骨干工程师、高职和本科院校的学术带头人为主要编写团队，以《大数据工程化处理与应用职业技能等级标准》的职业素养、职业专业技能等内容为依据，以工作项目为模块，依照工作任务进行组编。

大数据工程化处理与应用初级、中级、高级人员主要是围绕现阶段大数据工程行业应用技术发展水平；以大数据相关科研机构及 IT 互联网企业、互联网转型的传统型企事业单位、政府部门等机构中大数据爬虫工程师、大数据数仓开发工程师、大数据 ETL 工程师、大数据开发工程师、流计算工程师、大数据应用开发工程师、报表开发工程师等岗位要求为目标；具备从事对数据系统或网络数据进行网络数据采集、离线数据采集、实时数据采集、作业调度、数据清洗、数据计算、数据派生、OLAP 系统应用、搜索系统应用、报表系统应用等工作任务的能力的技术技能型人才。

本教材突出项目化案例教学，以实际行业中大数据工程项目实践中的典型工作任务为案例，系统地将理论知识和案例结合起来。教材内容全面，由浅入深，详细介绍了大数据工程化处理与应用涉及领域的核心技术和技能，并重点讲解了读者在学习过程中难以理解和掌握的知识点，降低了读者的学习难度。本教材主要适用于 1+X 证书制度试点教学、中高职院校大数据专业教学、全国工业和信息化信息技术人才培训、大数据处理与应用领域的企业内训等场景。

由于作者水平有限，书中难免存在疏漏和不足之处，希望同行专家和广大读者批评指正。

编者

2021 年 10 月

目 录

第一篇　大数据工程化采集

第二篇　大数据工程化处理

第三篇　大数据工程化应用

第一篇

大数据工程化采集

  大数据采集是指从传感器和智能设备、企业在线系统/离线系统、社交网络和互联网平台等获取数据的过程。我们生活在大数据时代，大数据不仅是一种技术，也是一种生产资料，对数据进行分析和挖掘能产生大量价值。想要获取这一潜在的资源，数据是基础，数据采集技术则是获取生产资料的前提保障。网络爬虫技术和离线数据采集技术是大数据采集技术中的重要组成部分，也是进行大数据采集的核心内容。

  网络爬虫（网页蜘蛛、网络机器人）是一种按照一定的规则，自动地获取网络信息的程序或脚本。从原理上分析，爬虫请求目标的行为是经由程序模仿搜索引擎发出，将返回的 HTML 代码/JSON 数据/二进制数据（图片、视频等）等获取到本地，从中提取目标数据并存储。

  离线数据采集主要通过数据传输工具，从业务数据系统中采集数据并加载到数据仓库中，以供数据处理人员进行后续操作。

项目一
基于 Requestium 的
空气质量数据采集

【引导案例】

随着工业化进程加快、城市规模扩大和人口急剧增加，全球许多城市、乡村出现了空气污染事件，空气污染严重危害了人体健康和生态平衡。我们每时每刻都在呼吸着空气，每天需要与生活环境进行气体交换，所以空气质量对我们来说是非常重要的。目前，衡量空气质量的指标主要是空气质量指数，它可以反映空气的污染程度，该指数的高低与颗粒悬浮物 PM2.5、PM10 及 8 小时内臭氧浓度等指标相关。

现如今，在全球各地都有建设空气质量监测站，专门对空气中的污染物浓度进行收集，而利用这些收集来的数据不仅可以分析出当前生活环境中的 PM2.5、PM10、O_3 等空气质量指标数据，还可以通过历史数据进行综合分析，给我们提供预测服务。比如，未来 5 天空气质量预报、呼吸道疾病发病率预测等服务，所以这些数据对社会环境有着重大的意义。

现在，某环保机构希望通过从空气质量网站中获取数据，并进行数据建模及数据统计分析，以达到为人们提供呼吸道疾病发病率预测、出行建议等服务。但因空气质量网站中的数据多而繁杂，并且每天都会定时更新，若使用人工记录这些数据，则会消耗大量的人力成本，因此如何自动化获取这些数据成为该环保机构的重点项目。

任务一　基于 Requestium 实现网络数据采集

【能力目标】

通过本任务的教学，读者理解相关知识之后，应达到以下能力目标。

- 根据网络数据采集需求，能使用编程或爬虫框架，查询网络数据源信息，确定网络地址及网页格式，获得网页代码准确的标签信息。

- 根据空气质量网页的原始代码，能分析网页结构并找到数据位置。
- 根据网页信息，能使用编程或爬虫框架，采集网络数据标签中的相应数据并配置存储方式，输出网络采集脚本。
- 根据空气质量网页结构，能使用 Requestium 编写爬虫脚本。
- 根据网络采集脚本及数据过滤需求，能使用编程或爬虫框架，编写网络采集过滤脚本，并输出网络采集数据。
- 根据存储系统的导入方式，能将采集的数据进行过滤优化，实现高效存储。

【任务描述与要求】

任务描述：

现在某环保机构希望通过分析空气质量数据，为人们提供呼吸道疾病发病率预测、出行建议等服务。目标网站包含了 2014 年—2015 年的空气质量数据，为了能够获取网站中的空气质量数据，爬虫开发工程师小新需要根据数据在网页结构中的位置，使用 Requestium 编写爬虫脚本，遍历获取该网站所有的目标数据，并将获取结果以文本格式存储在 HDFS（Hadoop Distributed File System，分布式文件系统）中。

任务要求：

- 使用 Requestium 获取 2014 年—2015 年空气质量数据。
- 对爬虫脚本进行过滤优化，实现数据的高效存储。

【任务资讯】

1. 空气质量区间识别

为了方便人们区分不同的空气质量，标准的制定者还为空气质量指数规定了几个区间，在不同的区间内，表示不同的空气质量水平。为了便于区分，每个区间都有与之对应的颜色。当颜色为绿色时表示空气质量为优；当颜色为黄色时表示空气质量为良；当颜色为橙色时表示患有呼吸系统疾病的老年人、儿童避免长期停留在户外；当颜色为红色时表示患有呼吸系统疾病的老年人、儿童应避免长期停留在户外，其他人应减少长时间暴露在户外；当颜色为深红色时所有人应避免户外运动，尤其是患有呼吸系统疾病的老年人、儿童应待在室内。

2. 网页标签

如果用户想要对网页进行源代码的数据观察，则需要具备一定的网页标签知识。网页标签是网页组成的最基本单位，它由尖括号与关键词组成，并且标签通常是成对出现在网页结构中的。在本任务中，用到的网页标签如表 1-1 所示。

表 1-1　网页标签说明

网页标签	网页说明
\<table\>	定义 HTML 表格
\<tbody\>	用于组合 HTML 表格的主体内容
\<th\>	定义表格内的表头单元格
\<tr\>	定义 HTML 表格中的行
\<td\>	定义 HTML 表格中的标准单元格

3. XPath 的表达式

XPath 是一种用来确定 XML 文档中特定位置的语言，它使用路径表达式在 XML 文档中选取节点，并通过路径获取数据。在本任务中，用到的 XPath 的表达式如表 1-2 所示。

表 1-2　XPath 的表达式

表达式	说明	实例	说明
nodename	选取此节点中的所有子节点	xpath('tr')	选取 tr 节点中的所有子节点
/	从根节点选取	xpath('/tr')	从根节点选取 tr 节点
//	选取所有当前节点	xpath('//tr')	选取所有的 div 节点
.	选取当前节点	xpath('./tr')	选取当前节点中的 tr 节点
@	选取属性	xpath('//@class')	选取所有 class 属性
text()	获取节点下的文本信息	xpath('/tr/text()')	获取 tr 节点下的文本信息

【任务计划与决策】

1. 观察网页源码

对于不同的网页，想要获取的网页数据所在的标签位置也不一样，错误的数据定位将导致获取的数据不完整。因此在编写爬虫脚本之前，需要使用浏览器的开发调试工具对网页进行数据观察，确定数据所在位置。

2. 获取网页数据

通过观察数据可以帮助我们知道网页数据的所在位置，这样就可以根据数据的位置信息，使用 XPath 定位并抽取 Requestium 获取的网页数据。而获取的数据可能存在空值、缺失等情况，因此还需将数据输出到控制台进行观察，确定数据是否存在的问题，并针对问题进行相应处理。

3. 验证结果

为了检验爬虫脚本的准确性，在网页数据采集的最后一步，需要对存储获取数据的文件进行观察并验证是否与网页数据一致。如果存在差异，则需要重新检查爬虫脚本，直至找到问题所在，并解决问题。

【任务实施】

根据任务计划与决策的内容，可以推导出如下所示的操作流程。

- 对网页进行观察，了解要获取内容所对应的网页位置及网页标签后，编写爬虫脚本遍历从 2014 年—2015 年每个月份的 URL 链接。
- 使用 XPath 定位数据的所在位置，获取对应位置上的数据，并存储到 HDFS 中。
- 为了检验网络数据是否采集成功，并将采集的数据导入 HDFS 中，最后对结果进行验证。

具体实施步骤如下。

步骤一：获取 URL

为了精准地获取全部的空气质量数据，在开始编程之前，需要对空气质量网页进行分析，确定获取数据的位置。在数据源中，打开爬虫练习网站"空气质量指数网站"，单击后浏览器将会新建标签页，并且返回 2014 年 01 月空气质量指数日历史数据，在网页中详细地记录了每一个日期下的"AQI"、"质量等级"、"PM2.5"、"PM10"、"SO$_2$"、"CO"、"NO$_2$"和"O$_3$_8h"的数据信息。在网页的右侧有不同月份的网页链接，单击链接将跳转至对应月份信息，如图 1-1 所示。

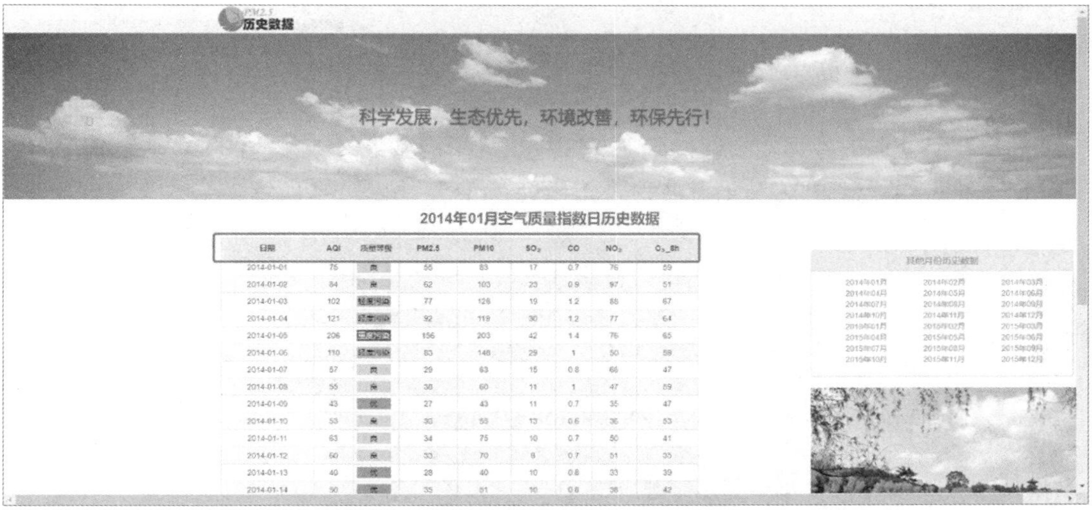

图1-1　空气质量网页

根据任务需求，需要完整地获取 2014 年—2015 年空气质量数据，因此在开始编写爬虫脚本之前，先要分析网页右侧所有历史月份网页链接信息。切换到"空气质量指数网站"，按"F12"键打开浏览器调试工具，单击开发工具左上角的"选取页面中的元素"按钮，选中"其他月份历史数据"中的月份链接，可以观察到网站提供的其他月份数据的网页地址都在"class"属性为"unstyled1"的"<ul>"标签下，而每个月份的网页地址分布在"<li>"标签下的每个"<a>"标签中。但是"<a>"标签属性"href"的网页地址信息并不完整，若要获取完整网址信息，则可以通过单击链接跳转，从浏览器地址栏获取，如图 1-2 所示。

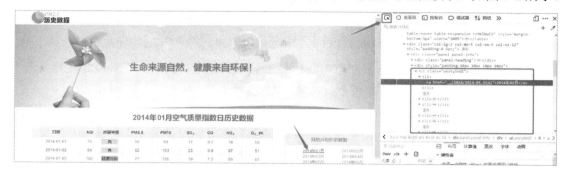

图1-2　观察浏览器调试工具界面

通过单击链接，可以看到完整的路径构成为"ip:端口号/airquality/2014/2014-01.html"，而"href"中的"../"则表示 2014 路径所处的地址在后台系统中的位置。因此，后续在处理同类型的地址时，就能够知道完整的路径地址构成，将"../"替换为真实路径，如图 1-3 所示。

图1-3　观察路径地址构成

利用网络获取的数据需要存储到 HDFS 中，为了观察最终结果的情况，通过使用 shell 组件创建 shell 节点，并将其重命名为"observe_hdfs"，如图 1-4 所示。

图1-4　创建 shell 节点

接着，创建 python 节点，并将它重命名为"spider"，如图 1-5 所示。

图1-5　创建 python 节点

打开"spider"节点并输入代码，导入本次实验所需要的类库，代码如下：

```
#导入时间模块
import time
#导入操作 HDFS 系统包
from hdfs import Client
#导入 requestium 爬虫类库
from requestium import Session, Keys
```

由于现在网页大多是动态网页，尤其是内容丰富的网站，几乎是动态网站，而且还有不少反爬虫手段，这些都大大提升了爬虫难度。面对这些动态网页，通常的方法都是监听、抓包、分析 js 文件，这些技术都较为复杂，而且需要通过大量的代码实现功能。但是可以通过控制浏览器的驱动来访问页面，伪装成真实的访问操作，不仅简化了操作，而且可以模拟用户的单击行为，动态地获取数据。

浏览器的无头模式在运行时不会弹出浏览器窗口，而且减少了一些资源的加载，如图片等资源，在一定程度上节省了资源，因此接下来调用谷歌浏览器驱动并指定为无头模式运行，代码如下：

```
#设置无头浏览器的驱动位置
s = Session(webdriver_path='/usr/bin/chromedriver',
        #设置浏览器为谷歌浏览器
        browser='chrome',
        #设置默认超时时间为 15 秒
        default_timeout=15,
        #配置参数为无头模式
        webdriver_options={'arguments':['--headless','-disable-dev-shm-usage','-no-sandbox']})
```

在上一步骤中可以观察到，网页表格的字段信息有"日期"、"AQI"、"质量等级"、"PM2.5"、"PM10"、"SO₂"、"CO"、"NO₂"和 O₃_8h"，为了能够便于后期的数据处理，因此需要将字段名称以英文命名的方式写入文件的第一行，如表 1-3 所示。

表 1-3　字段名称

字 段 名 称	英文字段名称
日期	date
AQI	aqi
质量等级	quality
PM2.5	pm2
PM10	pm10
SO_2	so2
CO	co
NO_2	no2

使用 Python 创建文件，并在第一行写入对应的字段名称，代码如下：

```
#定义主方法
if __name__ == '__main__':
    #创建文件，并将字段数据写入该文件中
    with open('/home/userdir/bigdata/airquality.txt','w') as file:
        file.write('date,aqi,quality,pm2,pm10,so2,co,no2,o3'+'\n')
```

在上一步骤中，可以观察到空气质量指数网站提供的其他月份数据网页地址都在"class"属性为"unstyled1"的"<ul>"标签下，而每个月份的网页地址分布在"<li>"标签下的"<a>"标签中。因此可以使用 Requestium 提供的"get()"方法获取网页数据，"xpath()"方法解析网页数据，代码如下：

```
datas= s.get('网页地址').xpath('//ul[@class="unstyled1"]//a//
@href').getall()
```

为了观察获取的网页地址列表中的具体数据信息，编写如下代码对获取的网页信息列表进行输出。

```
#网页信息列表
for data in datas:
    print(data)
```

在输出网页信息列表之前，为了避免浪费系统资源，需要手动关闭浏览器驱动，代码如下：

```
#关闭谷歌浏览器驱动
s.driver.quit()
```

输入完成之后，保存并运行当前爬虫脚本代码，若返回结果形如"../2014/2014-01.html"的列表数据，则表示成功获取历史月份的 URL，如图 1-6 所示。

```
../2014/2014-01.html
../2014/2014-02.html
../2014/2014-03.html
../2014/2014-04.html
../2014/2014-05.html
../2014/2014-06.html
../2014/2014-07.html
../2014/2014-08.html
../2014/2014-09.html
```

图1-6　成功获取历史月份的 URL

从上一步骤的运行结果可以观察到，所获取的网页信息地址都是不完整的。若想要获取完整的网页信息地址，则可以通过单击链接跳转，从浏览器地址栏中获取。由于爬虫访问的网页信息地址是完整的地址链接，因此需要对爬虫列表中的数据进行处理。例如，2014年 2 月的地址信息为 "http://192.168.134.59:50080/airquality/2014/2014-02.html"，比较两者之间的差异，将前面差异化的部分设置为字符串，用 Python 进行拼接处理，使用 Ctrl+ "/"注释 "print(data)"，代码如下：

```
#拼接处理网页信息地址
new_url = 'http://192.168.134.59:50080/airquality' + data[2:]
print(new_url)
```

输入完成之后，保存并运行当前爬虫脚本代码，处理结果如图 1-7 所示。

```
http://192.168.134.59:50080/airquality/2014/2014-01.html
http://192.168.134.59:50080/airquality/2014/2014-02.html
http://192.168.134.59:50080/airquality/2014/2014-03.html
http://192.168.134.59:50080/airquality/2014/2014-04.html
http://192.168.134.59:50080/airquality/2014/2014-05.html
http://192.168.134.59:50080/airquality/2014/2014-06.html
http://192.168.134.59:50080/airquality/2014/2014-07.html
http://192.168.134.59:50080/airquality/2014/2014-08.html
http://192.168.134.59:50080/airquality/2014/2014-09.html
```

图1-7　处理结果

步骤二：解析网页

在获取历史月份的 URL 之后，就可以通过这些 URL 访问对应的历史月份网页，接下来需要对这些网页进行解析。在使用爬虫脚本进行解析之前，需要先对对应的网页进行数据观察。

返回空气质量指数网站的网页，从网页的表格中，首行的数据表示数据表格的各个字段，现在要获取的是这些字段中的每一条空气质量数据。为了能够观察到这些数据在网页中的哪一个位置上，按 "F12" 键打开浏览器调试工具，单击开发工具左上角的 "选取页面中的元素" 按钮对页面进行查看。

选中 2014 年 01 月空气质量指数日历史数据中的数据表，在开发工具的 "查看器" 面板中，可以观察到所需要的空气质量指数月统计历史记录都在 "<tbody>" 标签中，每一行数据都在 "<tr>" 标签中，其中第一行的字段名比较特殊，其标签属性设置为 "height="38px""，如图 1-8 所示。

为了观察每个字段数据在 "<tr>" 标签的分布情况，分别在 "查看器" 面板中打开 "<tr>" 标签进行查看。在打开 "<tr>" 标签之后，可以观察到每个字段数据都对应着 "<tr>" 标签下的每一个 "<td>" 标签，如图 1-9 所示。

图1-8 <tr>标签属性设置

图1-9 <td>标签

打开名为"spider"的python节点。先定义一个用于获取网页的方法"get_pages(url)"，其中参数"url"是需要进行解析的网页地址。由于Python代码是自顶向下解析的，为了能够让main()方法调用自定义方法，因此需要在"if name == 'main':"代码上面添加如下代码：

```
#自定义网页解析方法
def get_pages(url):
```

接着在main()方法中调用刚刚自定义的网页解析方法，代码如下：

```
#调用自定义网页解析方法，该部分代码编写在main()方法中，在关闭谷歌驱动器代码之前
text = get_pages(new_url)
```

由于大多数网站基于AJAX技术，为了避免因AJAX技术动态加载的数据不在第一时间出现，需要让爬虫脚本休眠0.1秒，等待动态数据加载完毕。在解析网页的方法"get_pages(url)"的下面输入如下代码：

```
#加载网页，并休眠0.1秒，等待动态数据的加载
```

```
s.driver.get(url)
time.sleep(0.1)
```

通过观察数据可以发现，所需要的空气质量数据都在"<tbody>"标签中，每一行数据都在"<tr>"标签中，空气质量数据中的"AQI"、"质量等级"和"PM2.5"等字段数据都对应在"<tr>"标签中的每一个"<td>"标签中。因此，在解析网页的方法"get_pages(url)"下面输入如下代码对网页进行解析：

```
#根据网页观察的结果进行网页数据解析
trs= s.driver.xpath('//tbody//tr')
for tr in trs:
    tds = tr.xpath('.//td//text()').getall()
    print(tds)
```

输入代码后，注释 main()方法中的"print(new_url)"，并保存运行。运行成功后，单击"运行结果"按钮，若有数据成功返回则表示数据解析成功，如图 1-10 所示。

```
['2014-01-01', '75', '良', '55', '83', '17', '0.7', '76', '59']
['2014-01-02', '84', '良', '62', '103', '23', '0.9', '97', '51']
['2014-01-03', '102', '轻度污染', '77', '126', '19', '1.2', '88', '67']
['2014-01-04', '121', '轻度污染', '92', '119', '30', '1.2', '77', '64']
['2014-01-05', '206', '重度污染', '156', '203', '42', '1.4', '76', '65']
['2014-01-06', '110', '轻度污染', '83', '148', '29', '1', '50', '59']
['2014-01-07', '57', '良', '29', '63', '15', '0.8', '66', '47']
['2014-01-08', '55', '良', '38', '60', '11', '1', '47', '59']
```

图1-10 数据解析结果

从上一步骤的运行结果可以观察到，所获取的网页数据列表存在形如"[]"的空列表。接下来对数据进行去空处理，再以逗号为分隔符，将数据追加到文件中。在解析网页的方法"get_pages()"中注释"print(tds)"，并添加如下代码：

```
if tds:
    #将获取的每行数据，按逗号进行拼接，写入文件中
    file.write(','.join(tds)+'\n')
```

为了检验获取的数据是否被写入本地文件中，打开名为"observe_hdfs"的 shell 节点，输入如下代码并查看运行结果，如图 1-11 所示。

```
cat /home/userdir/bigdata/airquality.txt
```

```
23    2014-01-01,75,良,55,83,17,0.7,76,59
24
25    2014-01-02,84,良,62,103,23,0.9,97,51
26
27    2014-01-03,102,轻度污染,77,126,19,1.2,88,67
28
29    2014-01-04,121,轻度污染,92,119,30,1.2,77,64
```

图1-11 运行结果

刚才获取的数据被存储在本地文件中，根据业务需求，需要将本地文件上传到 HDFS 中。因此切换回名为"spider"的 python 节点，在 main()方法的尾部，添加如下代码：

```
#连接 HDFS
client = Client('http://86.7.15.71:50070')
#判断 HDFS 目标位置是否存在文件，若不存在则返回值为 None
if client.content(hdfs_path='/vts/bigdata/airquality.txt',strict=False) is
None:
```

```
#若目标位置不存在文件，则上传文件
client.upload('/vts/bigdata/airquality.txt','/home/userdir/bigdata/
airquality. txt')
else:
    #若目标位置存在文件，则先删除文件，再上传文件
    client.delete('/vts/bigdata/airquality.txt')
    client.upload('/vts/bigdata/airquality.txt','/home/userdir/bigdata/
airquality.txt')
```

步骤三：验证结果

为了检验获取的数据是否被写入 HDFS 中，打开名为"observe_hdfs"的 shell 节点，输入如下代码并查看运行结果，如图 1-12 所示。

```
hdfs dfs -cat /vts/bigdata/airquality.txt
```

2014-01-04,121,轻度污染,92,119,30,1.2,77,64

2014-01-05,206,重度污染,156,203,42,1.4,76,65

2014-01-06,110,轻度污染,83,148,29,1,50,59

图1-12　验证结果

【任务小结】

在本次任务中，读者需要使用浏览器调试工具查找空气质量数据所在位置，并使用 Requestium 请求网页数据，根据数据位置，使用 XPath 对 Requestium 获取的数据进行解析，最后将解析后的数据保存到 HDFS 中。

通过学习本任务，读者可以了解常用网页标签、XPath 的表达式及爬虫完整流程，并掌握 HDFS 操作方法及 Requestium 的使用方法。

【任务拓展】

基于本项目的业务场景和原始数据，请尝试实现以下任务。

在某些工作环境下，需要数据文件占用更小的存储空间、读/写速度更快、处理数据时更容易解析，因此请尝试将数据以 JSON 格式存储在 HDFS 中。

任务二　爬虫作业调度

【能力目标】

通过本任务的教学，读者理解相关知识之后，应达到以下能力目标。

- 根据作业文件类型，能使用脚本方式，编写作业调度脚本，配置定时、触发信息，获得作业调度脚本。
- 根据爬虫脚本存放位置，能编写可执行的爬虫脚本。能使用调度工具定时调度爬虫脚本，并配置定时信息。
- 根据网页信息，能使用编程或爬虫框架，采集网络数据标签中的相应数据并配置存储方式，输出网络采集脚本。
- 根据存储系统的导入方式，能将采集的数据根据原格式进行增量存储。

【任务描述与要求】

任务描述：

经过一个月之后，空气质量指数网站更新了上一个月的完整数据，而且新月份的数据地址位于其他月份历史数据的最后一个。若想要对 HDFS 中的空气质量数据进行周期性更新，则每间隔一个月要执行一次爬虫脚本，时间间隔过长。因此需要爬虫开发工程师小新编写更新数据的脚本，并使用调度器，实现定时执行爬虫脚本获取网页的更新数据，将获取的结果增量存储到指定的 HDFS 文本文件中。

任务要求：

- 要求获取的数据为最新月份的空气质量数据。
- 要求获取的数据增量存储到上一个项目任务的数据文件中。

【任务资讯】

1. 工作流的概念

工作流（WorkFlow）是放置在有向无环图（DAG）中的一组动作（如 Hadoop 的 MapReduce 作业及各类脚本等），并且提供了指定动作执行顺序的功能。工作流通常具备以下几个功能。

- 具备可视化配置功能，提供简洁的图形化界面，便于用户对工作流的流程进行编辑。
- 提供大量模块/组件功能支持，如 Hive 脚本、Python 脚本、Kylin 组件等。
- 提供拖曳功能，通过模块之间的配合将抽象的操作流程以图形化形式展现出来。

- 提供节点命名功能，避免多个相同模块同时使用造成的项目混乱问题。
- 提供组件常用配置项的支持，如配置 JDBC 连接信息。
- 提供工作流在执行中遇到异常状况进行消息提示功能。
- 提供工作流保存、发布提交、分享的功能。

相较于传统的大数据开发方式而言，工作流能够帮助用户更好地实现对作业的管理和调度，同时也将更利于团队之间的代码交流。

2. Cron 表达式

Schedule 组件的定时调度功能基于 Quartz 作业框架，其定时调度规则与 Linux 中的 Crontab 规则类似，被称为"Cron 表达式"。它的格式共分为 6 个必选字段和 1 个可选字段，字段之间以空格作为分隔符，各字段的相关信息如表 1-4 所示。

表 1-4　Cron 表达式各字段的相关信息

字 段 名 称	是 否 必 选	可 选 范 围	允许的特殊字符
秒	必选	0-59（默认值为 0）	, - * /
分钟	必选	0-59	, - * /
小时	必选	0-23	, - * /
月的某日	必选	1-31	, - * ? /
月	必选	0-11 或 JAN-DEC	, - * /
周的某天	必选	1-7 或 SUN-SAT	, - * ? /
年	可选	1970-2199	, - * /

其中，"年"字段为可选字段，其余均为必选字段。在"周的某天"字段中，"1-7"对应的是周日到周六。由于作业在调度过程中，几秒钟执行一次作业，将对服务器造成极大的资源占用和性能负担，因此通常不配置"秒"字段。

在表 1-4 中，可以注意到每个字段都对应了一组特殊字符，这些特殊字符可以丰富定时调度功能，各特殊字符的含义如下。

- ","表示分散的数字。例如，在"周的某天"字段中，"1,3,5"分别表示周日、周二、周四。
- "-"表示某个闭区间范围。例如，在"小时"字段中，"16-20"表示下午四点到晚上八点这段时间内，每逢整点就执行一次。
- "*"表示所有的取值范围内的数字。例如，在"分钟"字段中使用就表示每分钟执行一次。
- "？"表示占位符，即相应的时间字段可以不指定任何时间信息。
- "/"表示每隔一定的时间间隔，基本格式为"x/y"，其中 x 表示起始值，y 表示增量步长（间隔）。例如，在"分钟"字段中，"0/25"表示在该小时的第 0 分钟开始执行，间隔 25 分钟执行一次，直到第 25 分钟和第 50 分钟时再次执行。

【任务计划与决策】

1．观察网页源码

在编写爬虫脚本之前，需要使用浏览器调试工具对网页进行数据观察，确定每次更新网页时最新数据所在的位置。

2．编写爬虫脚本

根据数据观察的结果，获取相应的网页 URL 地址，并对该网页进行解析，从而获取当前的最新数据。还需要对采集到的数据进行判断是否为空等预处理操作，并以追加的形式存入文件中，避免覆盖历史采集数据。

3．爬虫脚本定时调度

网站数据每天都在不断地进行更新，若使用手动方式定时执行爬虫脚本，则会耗费大量的时间和人力成本，因此需要配置调度器定时执行爬虫脚本。

4．验证结果

为了能够检验最终的定时任务是否执行成功，在启动定时任务后，等待任务执行完成并对文件内容进行观察，判断文件内容是否有新增数据。

【任务实施】

根据任务计划与决策的内容，可以推导出如下所示的操作流程。

- 对空气质量网页进行分析，确定获取数据的位置，观察的数据内容为 2014 年—2015 年空气质量指数日历史数据。
- 使用 Requestium 获取标签指定数据，并将结果修改为完整链接地址。
- 使用 XPath 获取标签最新月份的网页数据，并将这些数据增量导入"new_quality"文件中。
- 保存并发布工作流，进入 Schedule 组件，按指定配置信息设置定时调度，配置定时参数。
- 观察是否成功获取最新月份的网页数据，并将这些数据增量导入 HDFS 中。

具体实施步骤如下。

步骤一：准备数据

为了精准地获取全部的空气质量数据，在开始编程之前，需要对空气质量网页进行分析，确定新增数据所在的位置。

打开爬虫练习网站"空气质量指数网站"，将地址栏中的"/2014/"替换为"/new/"，会发现在网页右侧其他月份历史数据中，增加了一个"2016 年 01 月"的链接，如图 1-13 所示。

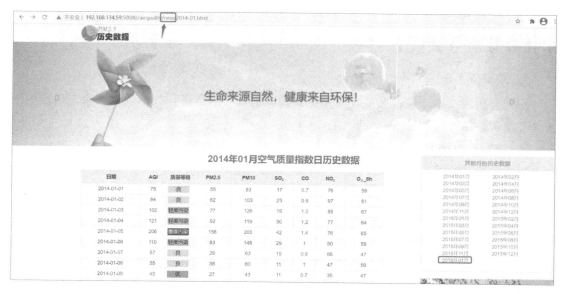

图1-13　页面替换

单击"2016 年 01 月"的网页地址链接，在 2016 年 01 月空气质量指数日历史数据中，能够观察到该页面的数据格式与原来页面中的数据格式一致。

从网络中获取的数据需要存储在 HDFS 中，为了观察数据变化的情况，预先在工作流页面创建 shell 节点，并重命名为"observe_hdfs"，打开该节点并输入如下代码，将文件复制到指定的工作区域：

```
hdfs dfs -cp /vts/root/project1/new_airquality.txt/vts/bigdata/
new_airquality.txt
```

输入如下代码查询检验数据是否复制成功，运行结果如图 1-14 所示。

```
hdfs dfs -cat /vts/bigdata/new_airquality.txt
```

2014-01-03,102,轻度污染,77,126,19,1.2,88,67

2014-01-04,121,轻度污染,92,119,30,1.2,77,64

2014-01-05,206,重度污染,156,203,42,1.4,76,65

2014-01-06,110,轻度污染,83,148,29,1,50,59

图1-14　运行结果

步骤二：获取 URL

为了确定最新月份数据在网页中的位置，按"F12"键打开浏览器调试工具，单击开发工具左上角的"选取页面中的元素"按钮，再单击 2016 年 01 月的地址链接，通过开发工具中的"查看器"面板可以对数据进行查看，如图 1-15 所示。

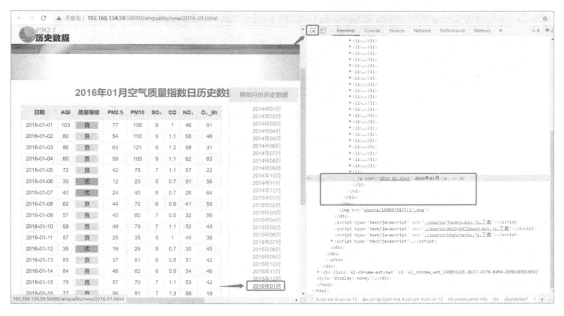

图1-15　查看数据

创建 python 组件并将其重命名为"newspider",导入本次实验所需要的类库及创建模拟驱动,并设置运行模式为无头模式,代码如下:

```
import time
from hdfs import Client
from requestium import Session, Keys
s = Session(webdriver_path='/usr/bin/chromedriver',
    browser='chrome',
    default_timeout=15,
    webdriver_options={'arguments':['--headless','-disable-dev-shm-
usage','-no- sandbox']})
```

在上一步骤的数据观察中,知道最新月份的网页地址在"class"属性为"unstyled1"的"<ul>"标签下,并且是"<ul>"标签下最后一个"<li>"标签的"<a>"标签中,因此使用 Requestium 获取标签指定数据的代码如下:

```
#定义主方法
if __name__ == '__main__':
    url=s.get('http://IP').xpath
    ('//ul[@class="unstyled1"]//li[last()]//a//@href').get()
    #输出获取的地址链接
    print(url)
    #关闭谷歌浏览器驱动
    s.driver.quit()
```

保存并运行当前的代码,若返回的数据为"2016-01.html",则表示成功获取最新月份的空气质量数据。

从上一步骤的运行结果可以观察到,所获取的网页信息地址是不完整的,若想要获取完整网页信息地址,则可以通过单击最新月份网址链接跳转,再从浏览器地址栏中获取。

为了使爬虫访问的网页信息地址是完整的地址链接，因此需要对爬虫列表中的数据进行处理，如图 1-16 所示。

```
#拼接处理网页信息地址
new_url = 'http://192.168.134.59:50080/airquality/new/' + url
print(new_url)
```

```
2016-01.html
http://192.168.134.59:50080/airquality/new/2016-01.html
```

图1-16　完整的网页信息地址处理结果

步骤三：解析网页

在上一步骤中获取了最新月份数据所对应的网页链接，接下来使用谷歌驱动器访问该地址并休眠 1 秒，代码如下：

```
s.driver.get(new_url)
time.sleep(0.1)
```

在获取网页数据之后，需要对网页数据进行解析，解析出最新月份相关指标数据，并将这些数据增量写入"new_quality"文件中。

根据对网页解析的观察结果，使用 XPath 获取标签指定数据的代码如下：

```
#使用 XPath 获取标签指定数据
trs= s.driver.xpath('//tbody//tr')
for tr in trs:
    tds = tr.xpath('.//td//text()').getall()
    print(tds)
```

保存并运行当前代码，若能显示最新月份的数据，则表示网页解析代码编写无误，如图 1-17 所示。

```
[]
['2016-01-01', '103', '良', '77', '105', '9', '1', '46', '91']
['2016-01-02', '80', '良', '54', '110', '9', '1.1', '58', '46']
['2016-01-03', '86', '良', '63', '121', '9', '1.2', '68', '31']
['2016-01-04', '80', '良', '59', '105', '9', '1.1', '62', '63']
['2016-01-05', '72', '良', '42', '75', '7', '1.1', '57', '22']
['2016-01-06', '39', '优', '12', '23', '5', '0.7', '31', '56']
['2016-01-07', '40', '优', '24', '40', '6', '0.7', '26', '64']
['2016-01-08', '62', '良', '44', '70', '6', '0.9', '41', '58']
```

图1-17　获取最新月份数据结果

接下来使用","作为分隔符，将数据添加到 HDFS 中，检查爬虫脚本代码编写无误后，保存并退出当前节点，代码如下：

```
#判断是否是空数据，若是空数据则直接删除
if tds:
    #连接 HDFS，其中 HDFS 的 IP 地址需要根据实际情况进行填写
    client = Client('http://86.7.15.71:50070')
    data = ','.join(tds) + '\n'
    #将数据添加到 HDFS 中
```

```
client.write('/vts/bigdata/new_airquality.txt', data.encode(),
overwrite=False, append=True)
```

为了避免 Python 重复创建客户端连接 HDFS，造成资源浪费，因此将创建客户端的代码移动到 for 循环的上面。编写完成后，完整的代码如下，其中 IP 地址需要根据实际情况填写：

```
import time
from hdfs import Client
from requestium import Session, Keys

s = Session(webdriver_path='/usr/bin/chromedriver',
        browser='hrome',
        default_timeout=15,
        webdriver_options={'arguments': ['--headless', '-disable-dev-shm-usage',
'-no-sandbox']})


if __name__ == '__main__':
    #根据观察结果，编写相关的爬虫代码，其中 IP 地址可以通过单击空气质量指数网站中的浏览器地址栏，按 "Ctrl+A" 组合键和 "Ctrl+C" 组合键进行复制获取
    url= s.get('http://192.168.134.59:50080/airquality/new/2016-01.html').
xpath('//ul[@class="unstyled1"]//li[last()]//a//@href').get()
    new_url = 'http://192.168.134.59:50080/airquality/new/' + url
    #使用谷歌驱动器访问最新月份的网页信息地址
    s.driver.get(new_url)
    #休眠 0.1 秒，等待动态数据的加载
    time.sleep(0.1)
    #根据观察结果使用 XPath 进行解析
    trs= s.driver.xpath('//tbody//tr')
    #连接 HDFS，其中 HDFS 的 IP 地址需要根据实际情况填写
    client = Client('http://86.7.15.71:50070')
    for tr in trs:
        tds = tr.xpath('.//td//text()').getall()
        #判断是否是空数据，若是空数据则直接删除
        if tds:
            data = ', '.join(tds) + '\n'
            #将数据添加到 HDFS 中
            client.write('/vts/bigdata/new_airquality.txt',data.encode(),
overwrite=False, append=True)
    s.driver.quit()
```

步骤四：定时调度爬虫脚本

由于在调度过程中，用不到数据观察节点 "observe_hdfs"，因此可以将其删除。删除方法为右击 "observe_hdfs" 节点，在弹出的快捷菜单中选择 "删除" 命令。成功删除 "observe_hdfs" 节点后，分别单击工作区上面的 "保存" 按钮和 "发布" 按钮。发布描述按照项目需求，可以描述为 "爬虫作业调度"，如图 1-18 所示。

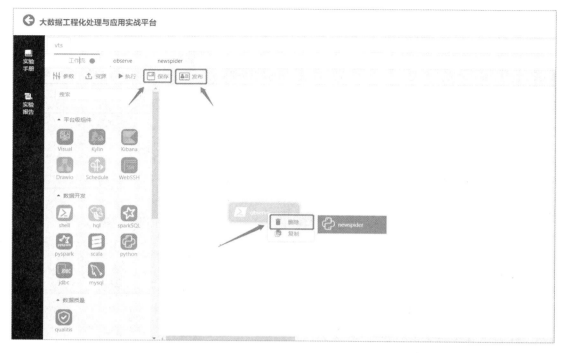

图1-18　工作流发布

　　提示"发布成功"后，单击 Schedule 组件，在登录界面中输入当前账号及密码。登录成功后，选择"项目"选项，打开相应页面，单击"修改时间排序"下拉按钮，在弹出的下拉列表中，选择"修改时间排序"选项，找到刚才发布的项目并单击，如图 1-19 所示。

图1-19　找到刚才发布的项目并单击

　　打开该项目之后，选项"定时调度"选项，在弹框中的左侧选择"定时调度设置"选项，配置"定时调度设置"参数，如表 1-5 所示，使该项目每天运行一次。

表 1-5 配置"定时调度设置"参数

时 间	参 数 配 置
分钟	0
小时	0
月的某日	*
月	*
周的某天	?
某年	*

配置完"定时调度设置"参数之后，单击"执行"按钮，再单击"继续"按钮。

为了快速测试调度效果，先选择"定时调度"选项，在"定时调度工作流列表"中找到刚才创建的工作流，单击"删除调度"按钮，如图 1-20 所示。再选择"项目"选项，进入刚才创建的工作流，分别单击"执行"按钮和"继续"按钮。

图1-20 单击"删除调度"按钮

在工作流执行页面中，等待工作流的执行，单击"刷新"按钮可以观察当前工作流的执行情况。绿色表示已完成；蓝色表示正在执行；全为绿色表示执行成功。选择"任务列表"选项可以查看工作流的执行情况，如图 1-21 所示。

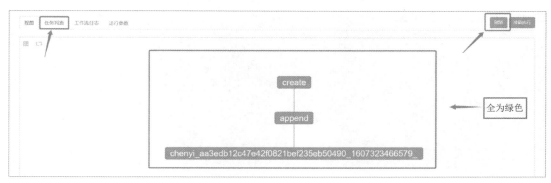

图1-21 工作流的执行情况

步骤五：验证结果

为了检验网络爬虫脚本是否成功执行，待工作流执行完成后，新建一个名为"test"的 shell 节点，在该节点中执行以下语句，测试数据是否成功增量导入 HDFS 的文件中。

```
hdfs dfs -cat /vts/bigdata/new_airquality.txt
```

运行成功后，查看输出结果，若能观察到 2016 年空气质量指数网站的数据，则表示成功获取并写入最新月份的数据。

【任务小结】

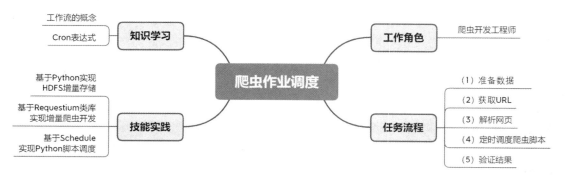

在本任务中，读者需要使用 Python 编写爬虫脚本获取网页中更新的数据，接着使用 Schedule 组件，实现爬虫脚本的定时调度。通过该任务，读者可以了解工作流的概念、Cron 表达式，同时巩固 Requestium 的使用方法。

【任务拓展】

基于本项目的业务场景和原始数据，请尝试实现以下任务。

对真实网站而言，数据每天会进行动态刷新，为了采集每天新增的数据并错开集群使用资源的高峰期，希望能够实现每天早上 6 点执行爬虫脚本，从空气质量指数网站中获取数据并增量存储到 HDFS。

项目二
基于 Sqoop 的外贸离线数据采集

【引导案例】

随着我国经济水平的不断发展，外贸已经成为影响我国经济发展的元素之一，而海关则是一个重要的进出口关卡，除了对进出口商品的安全性及税收进行严格的排查，还产生了包括贸易交易、外贸企业清单等外贸数据。外贸数据对于主要以进出口贸易为主的大型企业来说是非常重要的。当企业进入一个尚未开展业务的海外市场时，就可以根据外贸数据获取潜在买家的真实交易记录，掌握买家的采购动态，了解买家的综合实力，从而挖掘出合作客户。除此之外，外贸数据还可以帮助企业分析其他竞争对手的市场行为，观察竞争对手的出口货物量、出口倾向的变化，从而制定出更合适的市场策略。

随着企业国际化步伐加快，使得大数据与实体经济加速融合。随着市场竞争日趋激烈，许多国家积极扶持本国贸易领域的大数据服务商。为了适应这种形势，我国企业也正在积极推进国际化战略，将业务领域向投资和服务延伸，这就促进了大数据服务与实体经济的紧密结合。

现在，某企业需要对竞争对手的贸易出口情况进行分析，从而尽可能多地了解国外的经济水平，以及某类商品的新市场开拓。但是外贸数据的来源复杂，并且每日都可能更新，若通过人工录入的方式采集这些数据则会耗费极大的时间成本。那么，如此重要的数据应如何采集成为人们所关注的问题。

任务一　基于 Sqoop 实现离线数据采集

【能力目标】

通过本任务的教学，读者理解相关知识之后，应达到以下能力目标。

- 根据离线数据采集需求，能使用脚本方式，确定目标离线数据源格式，获取准确的格式信息。
- 根据数据存储系统的格式，能使用命令查询数据相关信息。
- 根据数据格式，能使用脚本方式，完成数据过滤脚本。
- 根据采集所需字段，能使用采集工具筛选并采集、整合离线数据。
- 根据编写的离线数据采集脚本，能使用脚本方式，测试离线数据采集脚本的采集、过滤、存储，获取目标数据并对脚本进行持久化操作。
- 根据功能需求，能对采集脚本进行优化及测试，并实现持久化操作。

【任务描述与要求】

任务描述：

某企业通过海关授权数据交易商处获取三份原始数据，即贸易清单数据、贸易方式数据、地区编号数据。其中，贸易清单数据已经通过数据接口被采集到了业务数据库 MySQL 中，而贸易方式数据和地区编号数据则分别以 TXT 格式和 JSON 格式存储在 HDFS 中。这些数据零散在各个数据系统中，为了方便进行后续的数据处理与分析，该企业的数据采集人员计划使用 Sqoop 和 Hive 等工具将这些离线数据完整地采集到数据仓库 Hive 的 ODS 层中。

任务要求：

- 灵活使用 Sqoop、Hive 等工具对不同来源、格式的数据进行采集。
- 对数据采集脚本进行优化，达到高效的存储性能和执行速度。

【任务资讯】

1. 离线采集的常用策略

离线采集又被称为批量采集，是指通过构建连通数据源的通道，利用自动化工具进行周期性、大规模的数据采集。由于数据是通过周期性获取的，因此数据存在一定的滞后性，不要求进行实时处理，经过清洗等处理后通常可用于统计分析或挖掘。

对于不同来源和类型的数据，常用的采集和存储策略有以下 4 种。

- 每日全量表。

每天采集存储一份完整数据，作为一个分区。适用于表数据量不大，每天都有新数据插入，还会有历史数据修改的场景。例如，商品信息表、商品分类表等。

- 每日增量表。

每天采集存储一份增量数据，作为一个分区。适用于表数据量大，每天只会有新数据插入，而历史数据基本不再变化，一般用于存取记录类信息。例如，订单状态表、支付流水表等。

- 新增表及变化表。

这类表的存储创建时间和操作时间都是当天。适用于表数据量大，既有新增数据，又有变化数据的情况，可用于采集用户信息数据。

- 特殊表。

特殊表适用于一经导入将长期不会改变的数据。通常用于存储省份表、地区表等维度表数据。

2．数据仓库层次划分

数据仓库的层次划分不是固定的，需要根据业务需求进行划分，粗粒度划分数据仓库层次，可以分为数据贴源层、数据仓库层及数据应用层，其中数据贴源层有时会根据写入I/O 的负载在数据贴源层之前添加数据缓冲层，数据仓库层可以根据不同清洗转化程度的业务需求划分为数据明细层和数据汇总层，数据应用层可以根据最终应用的不同划分为数据集市层和数据展现层。

若进行更加细粒度的划分，则数据明细层之后可以增加数据中心层用以固化数据，数据汇总层可以划分为数据基础层和数据服务层，如图 2-1 所示。

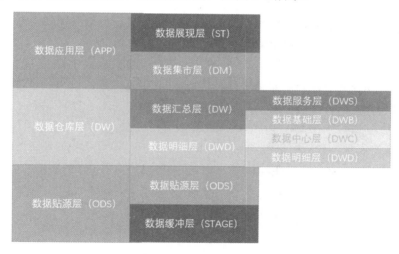

图2-1　数据仓库层次划分

不同的数据仓库层次所负责的功能也不一样。

（1）数据缓冲层：保存一定期限内的业务数据，完成不同类型数据的统一临时存储。

（2）数据贴源层：存储数据缓冲层上去重、去空、过滤、统一后的数据。

（3）数据明细层：根据业务日期聚合数据，清洗转换为符合质量要求的数据。

（4）数据中心层：管理固化报表的数据存储，减少查询成本。

（5）数据基础层：根据业务对明细数据进行清洗转换操作。

（6）数据服务层：根据数据基础层按各个 ID 进行粗粒度汇总。

（7）数据集市层：存储数据宽表，满足特定查询、数据挖掘应用。

（8）数据展现层：面向用户应用和分析需求，如仪表盘、分析图表、OLAP、KPI、前端报表。

3．Sqoop 分片设置

在 Sqoop 中，使用"--num-mappers"（可简写为"--m"）命令指定 mapper 变量运行计算的数量（默认数量为 4），这样便可并行执行离线采集任务。当"--m"的设置大于 1 时，必须通过"split-by"参数指定字段用于分片使用，需要注意的是这个字段往往是 int 型。

其基本原理如下所示。

（1）"--split-by"会根据主键先查出字段的最大值和最小值。

（2）根据"--m"参数指定的数量，对主键进行平均切片。

（3）每个 mapper 变量获取各自数据库中的数据进行导入工作。

不过并行度也不是设置得越大越好，map 任务的启动和销毁都会消耗资源，而且过多的数据库连接对数据库本身也会造成压力。

4．Hive 建表操作

常见的 Hive 建表方法有以下 3 种。

（1）直接建表法，可以直接使用 CREATE 命令创建一个新表。例如，创建一个 test 表，表中含有类型为 STRING 的 name 字段，代码如下：

```
CREATE TABLE test(name STRING);
```

（2）查询建表法，它是将一个表的某些字段抽取出来，创建一个新的表，使用 AS 进行连接。例如，创建一个 test2 表，要求它复制 test 表中的 name 字段信息，代码如下：

```
CREATE TABLE test2 AS SELECT name FROM test;
```

（3）LIKE 建表法，它是用来创建相同结构的表，但是没有数据，使用 LIKE 进行连接。例如，创建 test3 表，要求它的表结构与 test 表的表结构相同，代码如下：

```
CREATE TABLE test3 LIKE test;
```

【任务计划与决策】

1．观察数据

对数据库中的数据而言，由于数据量通常有数十万条，因此不能通过简单的"SELECT* FROM 表名"这样的方式观察数据。通常的做法是查看数据库的表结构，如果不了解表结构，就很难选择采集的范围，同时也可能导致采集后的数据与原始数据不一致等问题。在 MySQL 中，可以通过"DESC 表名"的方式来查询详细信息。

而对于文本格式存储的数据，进行数据观察的主要目标是数据的文件格式及分隔规则，以对采集策略进行设计。

2．采集文本数据

根据任务要求，需要采集的数据分别为贸易清单数据、地区编号数据、贸易方式数据。地区编号数据和贸易方式数据是对贸易清单数据中各个编号进行详细描述的维度信息，这类数据一经导入将长期不再变化，因此处理方式为全量采集并且不进行分区。除此之外，数据也被分为 TXT 格式的结构化文本数据及 JSON 格式的非结构化文本数据。由于目标数据系统 Hive 属于结构化存储格式，因此将 JSON 格式的数据导入后还需进行格式转换，以符合结构化存储要求。

3．采集数据库

考虑到贸易清单数据会不定时更新至业务数据库中，参考【任务资讯】中的"离线采集的常用策略"，很容易判断出该表属于每日增量数据——每天都可能增加贸易记录且这些数据基本不会变更。在采集数据时可以按照数据中的时间戳进行分区，并且对每天采集的数据进行分开存储。

Sqoop 支持直接抽取数据并根据数据源自动创建相应分区表，从而实现数据分区导入。但是当原始数据涉及多个分区且采集过程中有过滤需求时，Sqoop 是无法直接提供支持的。在这种情况下，就需要将数据先存储在以日期命名的 HDFS 文件夹中，再通过"load()"方法导入 Hive 分区表中。

【任务实施】

根据任务计划与决策的内容，可以推导出如下所示的操作流程。

- 观察数据的格式及监控每个采集数据步骤的效果，以确定所需要采集的数据的格式、分隔符等信息。
- 将 HDFS 中的数据复制到个人账号的 HDFS 路径下，保证将数据采集到数据仓库中且不对原始数据造成破坏和影响。
- 将数据导入数据仓库的 ODS 层中，并将 TXT 文件以"|"作为分隔符将数据分为多个字段，再把 HDFS 中的数据文件导入新建的表中。
- 先将 JSON 文件按行导入 ODS 层中，再根据 JSON 对象的关键字将数据分割为正常的二维表格式，并转存到数据表中。
- 使用 Sqoop 采集数据，并通过采集日期作为分区的方式加载到 Hive 中。
- 清空操作记录，按照实验流程使用连线的方式将各节点进行顺序连接并运行程序，最后查询运行情况。

具体实施步骤如下。

步骤一：观察数据

将需要采集的数据分别存储在 MySQL 和 HDFS 中，采集的目标位置位于 Hive 中。为了观察数据的格式及监控每个采集数据步骤的效果，预先在工作流页面分别创建 mysql、shell 及 hql 共 3 个节点，并分别重命名为"observe_mysql"、"observe_hdfs"及"observe_hive"，如图 2-2 所示。

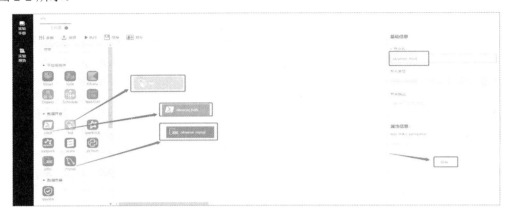

图2-2　节点重命名

在采集数据之前，需要先观察要采集的数据来源和即将要写入的数据系统。在"observe_hive"节点中，输入如下代码查看表清单，如图 2-3 所示。

```
--进入数据仓库的 ODS 层
USE bigdata_ods;
SHOW TABLES;
```

图2-3　查看表清单

可以看到 ODS 层中没有与本实验目标相关的数据表。接着，分别查看位于两个数据系统中的数据格式，以确定所要采集的数据的格式、分隔符等信息，这样就有利于在采集数据的过程中预先创建相应的数据解析及保存格式。HDFS 存储了贸易方式数据文件和地区编号数据文件。打开"observe_hdfs"节点，输入如下代码查看贸易方式数据文件的前 10 行数据。

```
#查看贸易方式数据文件的前 10 行数据
hdfs dfs -cat /vts/root/project_2/modeoftrans.txt | head -10
```

运行成功后，查看运行结果，如图 2-4 所示。

```
1001|对外承包工程进出口货物
1002|空运集装箱
1003|保税区进出区货物
1004|无偿援助
1005|外商投资
1006|边境贸易
1007|材料加工
1008|陆运
1009|海运
1010|空运
```

图2-4　查看贸易方式数据文件的前10行数据

接下来为了观察 HDFS 中的地区编号数据，注释"observe_hdfs"节点中的原来脚本，并输入如下代码查看，执行结果如图 2-5 所示。

```
#查看地区编号数据文件的前10行数据
hdfs dfs -cat /vts/root/project_2/region.json | head -10
```

{"REGIONCODE":"110000","PCODE":"","REGIONNAME":"北京市"}
{"REGIONCODE":"110100","PCODE":"110000","REGIONNAME":"市辖区"}
{"REGIONCODE":"110101","PCODE":"110100","REGIONNAME":"东城区"}
{"REGIONCODE":"110102","PCODE":"110100","REGIONNAME":"西城区"}
{"REGIONCODE":"110105","PCODE":"110100","REGIONNAME":"朝阳区"}
{"REGIONCODE":"110106","PCODE":"110100","REGIONNAME":"丰台区"}
{"REGIONCODE":"110107","PCODE":"110100","REGIONNAME":"石景山区"}
{"REGIONCODE":"110108","PCODE":"110100","REGIONNAME":"海淀区"}
{"REGIONCODE":"110109","PCODE":"110100","REGIONNAME":"门头沟区"}
{"REGIONCODE":"110111","PCODE":"110100","REGIONNAME":"房山区"}

图2-5 查看地区编号数据文件的前10行数据

在了解了 HDFS 所存储数据的表结构后，接下来查看位于 MySQL 中的贸易清单数据，双击"observe_mysql"节点输入如下代码查看"jx22x41_p2_trade_origin"表的结构，运行结果如图 2-6 所示。

```
USE x_class;
DESC jx22x41_p2_trade_origin;
```

COLUMN_NAME	COLUMN_TYPE	IS_NULLABLE	COLUMN_KEY	COLUMN_DEFAULT
id	int(11)	NO		NULL
product_type	varchar(30)	YES		NULL

图2-6 查看"jx22x41_p2_trade_origin"表的结构

从上述运行结果中可以显示表的字段及属性，即贸易清单数据表字段名称及其说明如表 2-1 所示。

表 2-1 贸易清单数据表字段名称及其说明

字 段 名 称	说 明
id	贸易清单 ID
product_type	产品类别
buyer_name	购买方
supplier_name	供应方
enterprisenature	编号
product_name	产品名称
hscode	海关编码
mode_trade	贸易类型编码
country_origin	产地
port_loading	出口港口
port_loading_1	出口港口标记

字 段 名 称	说　　明
mode_trans	运输方式编码
port_dest	目的地国家/地区
total_amount	贸易总额
quantity	总量数值
unit	单位
code	地区编号
record_date	入库日期

从字段中发现，"port_loading_1"与"port_loading"这两个字段中的数据完全重复，属于冗余数据，因此在后续采集时应进行过滤删除。

步骤二：复制文件系统文本

根据项目权限规范，每个数据处理人员需要将原始数据复制到指定的文件空间后，再对文件进行操作。需要将 HDFS 中的数据复制到个人账号的 HDFS 路径下，作为采集的数据仓库的原始数据备份，以免对原始数据造成破坏和影响，因此新建一个"cp_hdfsfile"的 shell 节点，代码如下：

```
#将复制的数据保存到指定的 HDFS 路径下
hdfs dfs -cp /vts/root/project_2/modeoftrans.txt /vts/bigdata
hdfs dfs -cp /vts/root/project_2/region.json /vts/bigdata
```

返回"observe_hdfs"节点，注释原有代码并输入如下代码，运行结果如图 2-7 所示。

```
#查看指定路径的文件
hdfs dfs -ls /vts/bigdata
```

```
27   -rw-r--r--   2 bigdata bigdata      531 2021-02-22 14:33 /vts/bigdata/modeoftrans.txt
28
29   -rw-r--r--   2 bigdata bigdata    31184 2021-02-22 14:27 /vts/bigdata/new_airquality.txt
30
31   -rw-r--r--   2 bigdata bigdata   234578 2021-02-22 14:33 /vts/bigdata/region.json
32
```

图2-7　运行结果

如果在日志结果中出现 region.json 和 modeoftrans.txt 两个文件，则表示复制操作成功。

步骤三：数据仓库导入结构化文本数据

观察完数据之后，需要根据观察的结果，创建数据仓库中相对应的数据表。新建一个名为"create_ods_modeoftrans"的 hql 节点，将导入的数据存储到数据仓库的 ODS 层中，并命名为"ods_modeoftrans"，代码如下：

```
--进入数据仓库的 ODS 层中
USE bigdata_ods;
--创建数据表并对数据表进行是否存在判断
CREATE TABLE IF NOT EXISTS bigdata_ods.ods_modeoftrans(
--根据数据观察结果，创建 id 和 name 字段
id int,
name string)
```

　　创建数据表的语句还要根据 "observe_hdfs" 节点中观察到的数据结果，将 TXT 文件以 "|" 作为分隔符将数据分为多个字段，代码如下：

```
ROW FORMAT DELIMITED FIELDS TERMINATED BY '|';
```

　　为了检验创建结果是否正常，可以在 "observe_hive" 节点中查看创建的数据表清单，输入如下代码，运行结果如图 2-8 所示。

```
--进入数据仓库的 ODS 层中
USE bigdata_ods;
--查看当前数据库中的表清单
SHOW TABLES;
```

图2-8　查看创建结果

　　重新返回工作流，创建新的 hql 节点，并命名为 "load_ods_modeoftrans"，输入如下代码将 HDFS 中的数据文件导入所创建的数据表中：

```
LOAD DATA INPATH "/vts/bigdata/modeoftrans.txt"
INTO TABLE bigdata_ods.ods_modeoftrans;
```

　　为了查看导入数据情况，返回 "observe_hive" 节点，输入如下代码查询数据表内容，如图 2-9 所示。

```
SELECT * FROM bigdata_ods.ods_modeoftran;
```

id ⬍	name ⬍
1001	对外承包工程进出口货物
1002	空运集装箱

图2-9　查看导入数据情况

步骤四：采集半结构化文本数据

　　创建名为 "tmp_json" 的 hql 节点，输入如下代码创建一个临时数据表，暂时先将 JSON 文件按行导入该数据表中。

```
--进入数据仓库的 ODS 层中
USE bigdata_ods;
--创建数据表
CREATE TABLE IF NOT EXISTS bigdata_ods.tmp_region(
region string);
--存储数据
```

```
LOAD DATA INPATH "/vts/bigdata/region.json" INTO TABLE bigdata_ods.tmp_region;
```

运行完成后，保存并切换至"observe_hive"节点，注释原有代码并输入如下代码查看数据是否成功导入，运行结果如图2-10所示。

```
SELECT * FROM bigdata_ods.tmp_region;
```

图2-10　查看数据是否成功导入

可以观察到，虽然数据已经成功导入 Hive 中，但目前数据仍然是 JSON 格式，不符合正常的二维表格式。因此需要提取每条 JSON 对象中的关键字作为字段，将值作为每行的数据。尝试使用 Hive 的 LATERAL VIEW 语法，将一个字段解析分割成多个字段，并使用"json_tuple()"方法解析原有字段内容。在"obesrve_hive"节点中，注释原有代码并输入如下代码转换"tmp_region"表中的 JSON 格式的数据，执行结果如图 2-11 所示。

```
SELECT b.regioncode,b.pcode,b.regionname
FROM bigdata_ods.tmp_region a
LATERAL VIEW
json_tuple(a.REGION, "REGIONCODE","PCODE","REGIONNAME") b
AS regioncode,pcode,regionname;
```

regioncode	pcode
110000	
110100	110000

图2-11　转换 JSON 格式的数据

通过运行结果可以观察到，该数据已成功地根据 JSON 对象的关键字完成了分割。接下来创建一个新的名为"create_ods_region"的 hql 节点，将完成字符切分后的地区编号数据存储到"bigdata_ods.region"表中。

```
--进入数据仓库的 ODS 层中
USE bigdata_ods;
--创建数据表
CREATE TABLE IF NOT EXISTS bigdata_ods.region AS
SELECT b.regioncode,b.pcode,b.regionname
FROM bigdata_ods.tmp_region a
LATERAL VIEW
json_tuple(a.REGION, "REGIONCODE","PCODE","REGIONNAME") b
AS regioncode,pcode,regionname;
```

返回"observe_hive"节点，输入如下代码查看运行结果，如图 2-12 所示。

```
SELECT * FROM bigdata_ods.region;
```

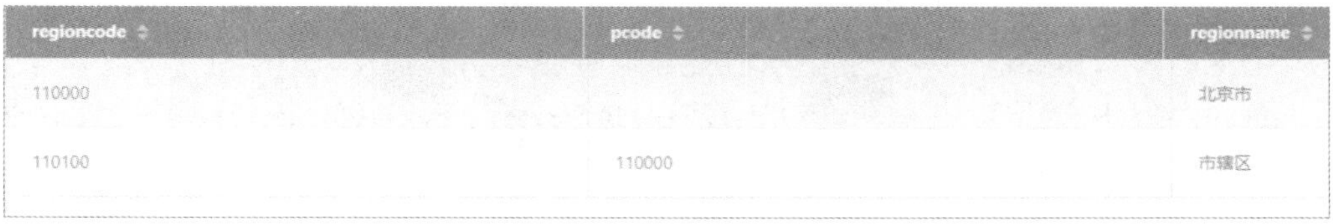

regioncode ⇕	pcode ⇕	regionname ⇕
110000		北京市
110100	110000	市辖区

图2-12　查看数据存储结果

若数据存储成功，则表示成功导入 JSON 格式的数据。这时需要删除原有的临时数据表，创建名为"drop_tmp_json"的 hql 节点，代码如下：

```
USE bigdata_ods;
DROP TABLE bigdata_ods.tmp_region;
```

在"observe_hive"中查看表清单，若没有出现"tmp_region"表，则表示删除成功。

```
SHOW TABLES;
```

步骤五：全量采集关系型数据库

关系型数据库的数据采集需要用到离线数据采集工具 Sqoop，在工作流中创建命名为"list_tables"的 shell 节点，打开脚本编辑页面并输入如下代码，测试是否能通过 Sqoop 工具访问 MySQL 的目标数据库表，其中 IP 地址及端口号可以通过使用 mysql 组件进行查看，而用户需要根据实际情况填写账号和密码。

```
sqoop list-tables \
--connect jdbc:mysql://ip:端口号/x_class \
--username bigdata \
--password 密码
```

单击"运行"按钮查看运行结果，如图 2-13 所示。

```
27   Wed Jan 13 14:04:45 CST 2021 WARN: Establishing SSL connection without
     requirements SSL connection must be established by default if explicit
     property is set to 'false'. You need either to explicitly disable SSL t
28
29   jx22x41_p2_trade_origin
30
31   2021-01-13 01:04:46.004 INFO Task creation time(任务创建时间): 2021-01-
```

图2-13　使用 Sqoop 查询数据库表

创建名为"sqoop_import"的 shell 节点，打开脚本编辑页面。在数据观察阶段观察到贸易清单数据表中的"port_loading_1"字段属于重复字段，因此在导入时需要过滤该字段。假设今天是 2018 年 10 月 1 日，那么可以将目标 HDFS 路径设置为"/库/表/日期" 的路径格式，并且在"--query"参数中设定日期为"2018-10-1"，这样 2018 年 10 月 1 日的数据就可以存储在相应的路径中。需要注意的是，查询命令中的字段不要换行，并且每行命令与换行符"\"之间需要有空格，接下来清空当前命令并输入如下代码：

```
sqoop import \
--connect jdbc:mysql://ip:端口号/x_class \
--username bigdata \
--password 密码 \
--delete-target-dir \
--target-dir /vts/bigdata/bigdata_ods/ods_trade \
```

```
--query "select
id,product_type,buyer_name,supplier_name,enterprisenature,product_name,hsco
de,mode_trade,country_origin,port_loading,mode_trans,port_dest,total_amount
,quantity,unit,code,record_date from jx22x41_p2_trade_origin where
\$CONDITIONS and (CAST(record_date as DATE)='2018-10-1')" \
--fields-terminated-by '\t' \
--split-by id \
--m 1
```

为了检验脚本的运行情况，返回"observe_hdfs"节点，注释原有代码并输入如下代码，查看数据是否已经被导出到指定路径中，运行结果如图 2-14 所示。

```
hdfs dfs -ls /vts/bigdata/bigdata_ods/ods
```

	进度	运行日志	历史				
All	Error	Warning	Info				
22	-rwxr-xr-x	2 root	bigdata	26729 2021-02-22 13:55 /vts/bigdata/airquality.txt			
23							
24	drwxr-xr-x	- bigdata bigdata	0 2021-02-22 14:47 /vts/bigdata/bigdata_ods				
25							
26	drwxr-xr-x	bigdata bigdata	0 2021-02-22 13:44 /vts/bigdata/dwc				
27							
28	-rw-r--r--	2 bigdata bigdata	31184 2021-02-22 14:27 /vts/bigdata/new_airquality.txt				
29							
30	2021-02-22 01:49:19.049 INFO Task creation time(任务创建时间): 2021-02-22 01:49:17, Task scheduling time(任务调度时间)						

图2-14　查看数据是否已经被导出到指定路径中

运行成功后，查看运行结果，可以观察到该文件夹下有"_SUCCESS"及"part-m-00000"两个文件，输入如下代码查看"part-m-00000"文件中的结果是否都是 2018 年 10 月 1 日记录的数据，执行结果如图 2-15 所示。

```
hdfs dfs -cat /vts/bigdata/bigdata_ods/ods_trade/part-m-00000
```

18	21/01/13 14:12:41 WARN util.NativeCodeLoader: Unable to load native-hadoop library for your p...				
19					
20	163735	home_decorations	PULASKIFURNITURECORP.	福建联福林业有限公司	null	漆木家具
21					
22	163736	home_decorations	PULASKIFURNITURECORP.	福建联福林业有限公司	null	漆木家具
23					
24	163737	home_decorations	PULASKIFURNITURECORP.	福建联福林业有限公司	null	漆木家具
25					

图2-15　查看导出的数据

考虑到首次采集数据时没有数据库表用于存储数据，因此重新创建一个命名为"create_ods_trade"的 hql 节点，打开脚本编辑页面，输入如下代码创建数据库表结构。这里在创建数据库表时需要注意，此处创建分区表的意义是按照采集日期划分数据，因此不能使用"record_date"作为该表的分区字段，而应该定义一个"dt"字段用于分区。

```
USE bigdata_ods;
CREATE TABLE IF NOT EXISTS ods_trade (
    id STRING,
    product_type STRING,
    buyer_name STRING,
    supplier_name STRING,
    enterprisenature INT,
    product_name STRING,
    hscode INT,
```

```
    mode_trade INT,
    country_origin STRING,
    port_loading STRING,
    mode_trans int,
    port_dest STRING,
    total_amount STRING,
    quantity INT,
    unit STRING,
    code INT,
    record_date DATE
) PARTITIONED BY (dt STRING)
ROW FORMAT DELIMITED FIELDS TERMINATED BY "\t";
```

上述代码运行成功后，使用"observe_hive"节点查看当前数据库中的表清单，若显示 ods_trade 表则表示创建成功，代码如下：

```
--查看当前数据库中的表清单
SHOW TABLES;
```

在创建完数据库表之后，需要根据 Sqoop 的采集结果，将 HDFS 相应路径下的数据通过采集日期作为分区的方式加载到 Hive 中，因此创建一个名为"load_ods_trade"的 hql 节点，并输入如下代码：

```
LOAD DATA INPATH "/vts/bigdata/bigdata_ods/ods_trade/part-m-00000"
OVERWRITE INTO TABLE bigdata_ods.ods_trade PARTITION (dt="2018-10-01");
```

返回"observe_hive"节点查看数据是否被存储到 2018 年 10 月 1 日的分区中，注释原有代码并使用如下代码进行查询，运行结果如图 2-16 所示。

```
SELECT * FROM bigdata_ods.ods_trade WHERE dt="2018-10-01";
```

id ⇕	product_type ⇕	buyer_name ⇕	supplier_name ⇕	enterprisenature ⇕	product_name ⇕
163735	home_decorations	PULASKIFURNI TURECORP.	福建联福林业有限公司	NULL	漆木家具
	home_decorati	PULASKIFURNI	福建联福林业		

图2-16 查看数据是否存储成功

步骤六：构建工作流

在"observe_hdfs"节点中，输入如下代码清空操作记录：

```
hdfs dfs -rm -r /vts/bigdata/bigdata_ods/*
```

运行代码后删除"observe_hdfs"节点，再在"observe_hive"节点中输入如下代码清空操作记录：

```
--删除 ods_modeoftrans 表
DROP TABLE bigdata_ods.ods_modeoftrans;
--删除 ods_trade 表
DROP TABLE bigdata_ods.ods_trade;
--删除 region 表
DROP TABLE bigdata_ods.region;
```

运行代码后删除"observe_mysql"节点、"observe_hive"节点、"list_tables"节点。

在工作流页面中，将鼠标指针悬浮在各节点上，使用连线将各节点进行连接，连接顺序如下。

（1）"cp_hdfsfile"。

（2）"create_ods_modeoftrans"。

（3）"load_ods_modeoftrans"。

（4）"tmp_json"。

（5）"create_ods_region"。

（6）"drop_tmp_json"。

（7）"sqoop_import"。

（8）"create_ods_trade"。

（9）"load_ods_trade"。

等待工作流执行完之后，若全部节点运行正常，则表示所有代码均无误，工作流执行结果如图 2-17 所示。

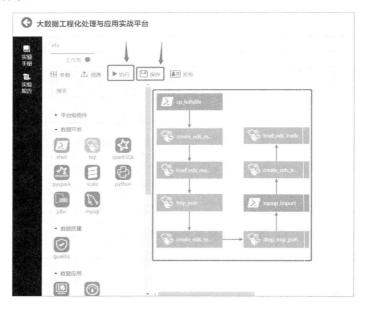

图2-17　工作流执行结果

新建一个名为"select_all"的 hql 节点，查询最终执行情况，代码如下：

```
--进入数据仓库的 ODS 层中
USE bigdata_ods;
--查询 ods_modeoftrans 表
SELECT * FROM bigdata_ods.ods_modeoftrans;
--查询 ods_trade 表
SELECT * FROM bigdata_ods.ods_trade;
--查询 region 表
SELECT * FROM bigdata_ods.region;
```

在运行结果下方切换结果集，若各结果集均正常显示数据，则表示数据采集成功，如图 2-18、图 2-19 和图 2-20 所示。

id	name
1001	对外承包工程进出口货物
1002	空运集装箱

图2-18　ods_modeoftrans 表正确结果

id	product_type	buyer_name	supplier_name	enterprisenature	product_name	hscode
163785	home_decorations	HILLTOPINTERNATIONAL	福清市闽华贸易有限公司	1003	冻预炸面包鳕鱼片	1604199...
163786	home_decorations	BOEVEBV	北京格瑞阳光生态科技发展有限公司	1002	花叶蒲苇苗木	6029091...
163787	home_decorations	ReliableTrading Inc.	福州福田工艺品有限公司	1004	木家具	NULL

图2-19　ods_trade 表正确结果

regioncode	pcode
130126	130100
130127	130100
130128	130100

结果集3　　共 5000 条　< 1 2 3 4 … 100 >　50 条/页 ∨

图2-20　region 表正确结果

【任务小结】

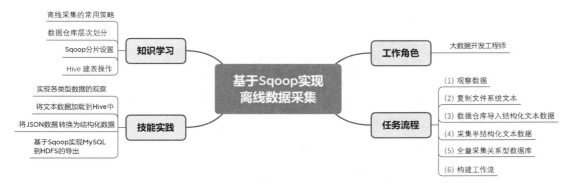

通过学习本任务，读者可以对外贸数据进行观察，分析不同情况下的数据采集策略。对于结构化和半结构化的文本数据，读者可以直接将 HDFS 路径中的文件导入 Hive 中，但

是半结构化数据需要进行字符切分处理。而对关系型数据库来说，读者可以使用 Sqoop 工具根据不同的日期进行全量采集。

通过本任务的实践，读者可以巩固使用 Hive 和 Sqoop 进行数据导入等操作知识。

【任务拓展】

基于本项目的业务场景和原始数据，请尝试实现以下任务。

（1）尝试将数据以 SequenceFile 的格式导入 HDFS 中，观察采集的时间及采集结果的文件大小。

（2）尝试将数据以 ORC 的格式导入 HDFS 中，观察采集的时间及采集结果的文件大小。

任务二　离线采集脚本调度

【能力目标】

通过本任务的教学，读者理解相关知识之后，应达到以下能力目标。

- 根据作业文件类型，能使用调度工具，编写作业调度脚本，配置定时、触发信息，获得作业调度脚本。
- 根据编写的作业调度脚本，能使用调度工具，调试作业调度效果。
- 根据数据内容，能使用脚本创建存储采集数据的数据仓库结构、分区表及视图表。

【任务描述与要求】

任务描述：

外贸类数据通常来源于海关或授权提供商等，搜集的难度和数据录入的时间成本导致数据并不会一次性完成搜集。企业为了能在未来基于更多数据继续对竞争对手的市场行为进行分析挖掘，从而使数据持续性发挥决策支撑的作用。在后续的数据维护中，某企业的数据采集人员计划使用 Schedule 组件实现定时增量采集功能，以保证贸易清单数据表能被每日采集到大数据系统中。

任务要求：

- 编写可指定日期范围的增量采集脚本。
- 对作业调度的运行效果进行测试并做出相应调试。

【任务资讯】

1. 工作流告警机制

通常来说，告警设置可以分为 3 种：失败告警、超时告警和成功告警。

（1）失败告警。

运行失败时的告警分为两种方式：一种是在工作流中某一个任务失败时立即触发告警；另一种是在所有正在执行的工作流完成之后再触发告警。开发人员可以自由选择告警策略、设置告警级别、填写告警通知的用户列表。系统会根据告警的级别以邮件、通信、电话等多种方式通知开发人员。

（2）超时告警。

当工作流在指定的时间内没有执行完成，将会触发超时告警，从而帮助开发人员不断优化代码，提高运行效率。

（3）成功告警。

除了失败告警、超时告警外，当工作流执行成功时也可以自由选择是否告警，用于及时提醒开发人员对作业的最新情况进行监控。

2. 工作流依赖关系

对某一个流程来说，不同周期的数据在运行时可能会存在一定的依赖关系，包括并行依赖和串行依赖，如图 2-21 所示。

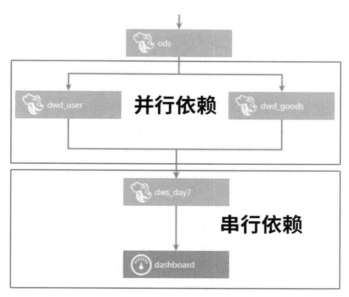

图2-21　工作流依赖关系

对于并行依赖的任务，只有在前置的两个任务都执行完的条件下才会执行，执行时间取决于并行任务中用时最长的任务，而对于串行依赖的任务，如果前置任务失败则可能导致整个工作流终止。

3．基于 Hive 创建分区操作

Hive 的分区分为单值分区和范围分区，其中单值分区又分为了静态分区和动态分区。在向静态分区导入数据时需要手动指定分区；而在向动态分区导入数据时，系统可以动态判断目标分区。在静态分区与动态分区创建数据表的方法是一样的，只是动态分区需要进行系统配置。假如现在需要创建一个 test 表，要求该表以 name 字段作为分区，代码如下：

```
CREATE TABLE
  test (name STRING)
PARTITIONED BY
  (name STRING)
STORED AS
  textfile;
```

【任务计划与决策】

1．编写增量采集脚本

在任务一中，成功地编写出了全量采集脚本，如果想要对每日新增的数据进行增量采集，就需要考虑以下几个问题。

（1）如何采集一定范围内的数据？增量采集仅对上次导出之后变化的数据进行抽取，要求采集范围准确无误，否则就会出现缺漏或重复数据。在本项目的场景中，MySQL 每天都会新增数据，因此采集范围应指定为前一天的数据。

（2）如果当日数据采集失败或采集不完全，可以将新增的数据存储在与采集日期对应的分区中。这样，再次采集数据时即可实现指定采集日期的数据覆盖写入，将当日的数据覆盖，从而不会对原来的数据造成影响。

2．作业定时调度

由于数据每天都在不断更新，若使用手动方式定时执行增量采集脚本，则会耗费大量的时间和精力，而且手动处理缺乏时间精度的准确性，不能长期且稳定的运行，因此需要使用调度器定时执行增量采集脚本。

3．验证结果

为了能够检验最终的定时任务是否执行成功需要定时任务启动后，等待定时任务触发，然后对文件内容进行观察，观察文件内容是否有新增数据。

【任务实施】

根据任务计划与决策的内容，可以推导出如下所示的操作流程。

- 通过观察原始表的数据格式，确定需要采集的字段，并创建一个 hive 表，使数据能够增量导入 hive 表中。

- 配置时间参数并定义 MySQL 及 hive 中的相关配置信息，读取两个参数区间内的数据，并将这些数据采集到 HDFS 的相应路径中。
- 开发对应的 Sqoop 脚本，实现每日定时导入全量数据。
- 将鼠标指针悬浮在各节点上，使用连线将各节点进行连接，保存并发布工作流，使用 Schedule 组件按照配置信息配置并执行工作流。
- 为了检验采集脚本是否成功定时执行，通过查询表数据对定时调度情况进行检验，并查看数据总数是否正确。

具体实施步骤如下。

步骤一：准备数据

需要调度采集的数据存储在 MySQL 中，采集的目标位置位于 hive 表中。

观察 hive 中是否有目标表，创建一个名为 "observe_hive" 的 hive 节点，输入如下代码并运行：

```
--进入数据仓库的 ODS 层
USE bigdata_ods;
SHOW TABLES;
```

可以观察到，如果在 hive 中没有目标表，则删除 "observe_hive" 节点。为了观察数据的格式，在工作流页面中创建 mysql 节点并将其重命名为 "observe"，双击该节点打开脚本编辑页面，输入如下代码进行数据观察：

```
USE x_class;
# 查看表结构
DESC jx22x41_p2_trade_origin;
# 统计数据量
SELECT count(*) FROM jx22x41_p2_trade_origi;
```

查看目标表的结构如图 2-22 所示。

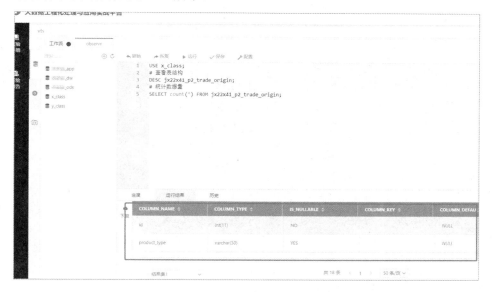

图2-22 查看目标表的表结构

可以从结果集 1 中观察原始数据表的格式，从结果集 2 中观察数据的总数为 427268 条。从格式中可以看到需要采集的字段如下。

- id。
- product_type。
- buyer_name。
- supplier_name。
- enterprisenature。
- product_name。
- hscode。
- mode_trade。
- country_origin。
- port_loading。
- mode_trans。
- port_dest。
- total_amount。
- quantity。
- unit。
- code。
- record_date。

需要创建一个 hive 表，并使数据能够增量导入 hive 表中。根据上面观察到的原始数据表的格式，创建名为"create_ods_trade"的 hql 节点，用来增量导入数据。代码如下：

```
USE bigdata_ods;
CREATE TABLE IF NOT EXISTS bigdata_ods.ods_trade (
    id STRING,
    product_type STRING,
    buyer_name STRING,
    supplier_name STRING,
    enterprisenature INT,
    product_name STRING,
    hscode INT,
    mode_trade INT,
    country_origin STRING,
    port_loading STRING,
    mode_trans INT,
    port_dest STRING,
    total_amount STRING,
    quantity INT,
    unit STRING,
    code INT,
    record_date DATE
) partitioned by (dt STRING)
ROW FORMAT DELIMITED FIELDS TERMINATED BY '\t';
```

运行上述代码后，便做完一系列数据准备，删除所创建的"observe"节点和"create_ods_trade"节点。

步骤二：开发增量采集脚本

使用 shell 组件创建 shell 节点，并将该节点重命名为"extract_append"。在 shell 脚本中，可以使用"参数名=参数值"的方式设置参数，需要把一些预先设置好的参数创建出来，以方便运行代码时调用。

为了实现每日增量采集，这就意味着采集脚本需要对时间范围进行指定，因此在该节点中配置代表增量采集的起始日期、结束日期的参数。其中，为了方便测试将起始日期设置为"2018-10-01"，而将结束日期设置为"2018-10-02"，代码如下：

```
#设置日期
startdate=2018-10-01
enddate=2018-10-02
```

在真实场景中，一般使用"date +%F"的形式设置结束日期，表示调用系统当天日期的方法，而使用"date -d "-1day" +%F"的形式设置起始日期，表示调用系统前一天日期的方法，使用这种方法用来实现每日的增量采集。需要注意的是，"%F"表示完整日期格式，等价于"%Y-%m-%d"，表示对时间格式化。

在配置完时间参数后，还需要定义 MySQL 及 hive 表中的相关配置信息，先配置 MySQL 的连接信息，MySQL 的配置信息可以通过单击 mysql 组件进行查看，用户需要根据实际情况填写数据库密码，代码如下：

```
#MySQL 连接配置
ip=数据库 IP
port=数据库端口号（默认为 3306）
user=bigdata
password=数据库密码
```

接着，配置 MySQL 的库名称和表名称的参数及分割数据的条件，同时还需要配置所要采集的字段，代码如下：

```
#配置 MySQL 的库名称和表名称
database=x_class
table=jx22x41_p2_trade_origin
date_field=record_date

#读取 MySQL 字段，根据数据观察的结果进行填写
field=id,product_type,buyer_name,supplier_name,enterprisenature,product_nam
e,hscode,mode_trade,country_origin,port_loading,mode_trans,port_dest,total_
amount,quantity,unit,code,record_date
```

创建完一系列参数后，继续编写数据采集的脚本。在任务一的基础上，读取贸易记录中的入库日期，也就是在刚才所创建的"startdate"与"enddate"两个参数区间内的数据，并将这些读取到的数据采集到 HDFS 的相应路径中，因此还是使用 Sqoop 来执行数据采集操作。将原本脚本中的一系列所需配置的内容改为上面所创建的一系列参数。参数的引用方式为"${参数名}"，代码如下：

```
#hive 相关配置
account=bigdata
#导入数据的目标数据仓库位置
hive_database=bigdata_ods
#导入数据的目标数据表
hive_table=ods_trade

sqoop import \
--connect jdbc:mysql://${ip}:${port}/${database}?useSSL=false \
--username ${user} \
--password ${password} \
--query "select ${field} from ${table} where \$CONDITIONS and (CAST($date_field
as DATE)<'${enddate}' and CAST($date_field as DATE)>='${startdate}')" \
--delete-target-dir \
--target-dir /vts/${account}/${hive_database}/${hive_table} \
--fields-terminated-by '\t' \
--m 1
```

步骤三：开发每日全量导入脚本

增量采集完每日的数据之后，还需要注意，在一天中的不同时段可能会执行若干次数据导入操作，若在一天中不同时段导入数据，则需要避免重复数据的产生，因此在导入数据时需要使用分区对每天的数据进行区分，再导入 HDFS 中的数据，覆盖指定日期的分区数据。

创建名为"load_overwrite"的 shell 节点，先配置导入的 hive 的目标库表，以及库表结构的分区信息，代码如下：

```
#hive 相关配置
account=bigdata
#数据导入的目标数据仓库位置
hive_database=bigdata_ods
#导入数据的目标数据表
hive_table=ods_trade
#按 dt 字段进行分区
partition=dt
```

再配置需要导入指定日期分区，使用"2018-10-02"作为当前的日期分区，代码如下：

```
partition_date=2018-10-02
#hive 导入语句
hive -e "LOAD DATA INPATH
'/vts/${account}/${hive_database}/${hive_table}/part-m-00000' OVERWRITE INTO
TABLE $hive_database.$hive_table PARTITION ($partition='$partition_date')"
```

步骤四：定时调度作业脚本

两个脚本应该为串行依赖关系，即先有表结构，才能将数据导入目标库表中，因此在工作流页面中，将鼠标指针悬浮在各节点上，使用连线将各节点进行连接，连接顺序如下，保存工作流并发布工作流，如图 2-23 所示。

图2-23 工作流连接顺序

提示"发布成功"后，单击 Schedule 组件，在登录界面中输入账号及密码，如图 2-24 所示。

图2-24 发布成功提示

登录成功后，选择"项目"选项，打开相应页面，单击"修改时间排序"下拉按钮，在弹出的下拉列表中选择"修改时间排序"选项，找到刚才发布的项目并单击，如图 2-25 所示。

图2-25　找到刚才发布项目并单击

进入该项目之后，选择"定时调度"选项，在弹框中的左侧选择"定时调度设置"选项，配置"定时调度设置"参数，如表 2-2 所示，使该项目每天运行一次，因此配置信息如表 2-2 所示。

表 2-2　配置"定时调度设置"参数

时　　间	参 数 配 置
分钟	0
小时	0
月的某日	*
月	*
周的某天	?
某年	*

配置完"定时调度设置"参数之后，分别单击"执行"按钮和"继续"按钮，如图 2-26 所示。

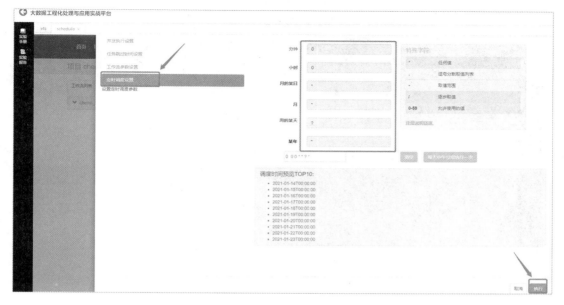

图2-26　定时调度设置

为了快速测试调度效果，先选择"定时调度"选项，在"定时调度工作流列表"中找到刚才创建的工作流，单击"删除调度"按钮删除定时调度，如图 2-27 所示。

图2-27　删除定时调度

再选择"项目"选项，进入刚才创建的工作流，单击"执行工作流"按钮，如图 2-28 所示，在弹窗中分别单击"执行"按钮和"继续"按钮。

图2-28　单击"执行工作流"按钮

在工作流执行页面中，等待工作流执行。单击"刷新"可以观察当前工作流的执行情况。绿色表示已经完成；蓝色表示正在执行；全为绿色表示执行成功。选择"任务列表"选项可以查看工作流的执行情况，如图 2-29 所示。

图2-29　工作流执行情况

步骤五：验证结果

为了检验采集脚本是否成功定时执行，在调度执行完成后，返回 vts 界面，新建一个名为"test"的 hql 节点，在该节点中执行以下代码，测试数据是否成功导入 hive 中：

```
SELECT * FROM bigdata_ods.ods_trade WHERE dt='2018-10-02';
```

若能查询到数据表中的数据，则表示定时调度成功。使用以下命令查看数据总数。若数据总数为 614，则表示"2018-10-01"到"2018-10-02"的数据采集成功，删除"test"节点。

```
SELECT COUNT(*) FROM bigdata_ods.ods_trade  WHERE dt='2018-10-02';
```

在"extract_append"脚本中，将"startdate"的值设置为"2018-10-02"，"enddate"的值设置为"2018-10-03"，如图 2-30 所示。

图2-30　设置"extract_append"脚本

在"load_overwrite"脚本中，将"partition_date"的值设置为"2018-10-03"，单击"保存"按钮，如图 2-31 所示。

图2-31　设置"load_overwrite"脚本

再次保存工作流后发布工作流，返回定时调度页面，选择最新的项目并单击"执行工作流"按钮。并在完成后，查询数据总数，若数据总数为 1230，且查询分区 dt='2018-10-03' 后面有数据输出，则表示增量采集成功。

【任务小结】

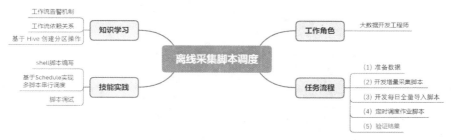

通过学习本任务，读者可以将外贸采集脚本进行优化，能进行增量采集。接着编写调度脚本，实现能够每日凌晨自动执行，从而降低开发成本。

通过本任务的实践，读者可以巩固 shell 脚本编写、定时调度等操作知识。

【任务拓展】

基于本项目的业务场景和原始数据，请尝试实现以下任务。

在本项目中，实现了从关系型数据库 MySQL 到数据仓库 Hive 的离线数据采集。但是项目是以内部表的形式加载数据的，请尝试使用外部表的形式，将数据从 MySQL 采集到 Hive。

第二篇

大数据工程化处理

数据处理是对数据进行分析和加工的技术过程，包括对各种原始数据的分析、整理、计算、编辑等。

在数据处理中，批处理计算主要针对大规模数据，也是日常数据分析工作中常见的一类数据处理需求。例如，使用爬虫程序获取大量网页数据并将其存储到数据库，可以使用批处理工具对这些网页数据进行批量处理，计算数据指标。又如，物联网机器产生的每日或每周数据信息，可以使用批处理工具将其进行计算，得到物联网机器运行数据变化情况，分析物联网机器运行的峰值效率或异常情况。

与传统的数据处理不同的是，大数据领域的批处理计算所面对的数据量常常动辄数百 TB 或 PB。在处理批量数据时，传统的数据处理方式会因为内存空间不足或运算能力不足而产生各种问题，而大数据面对批量数据集时，往往采用将数据切分成小文件并行计算的方式，对任务进行分布式处理。

项目三
基于 Hive 的气象
数据清洗计算

【引导案例】

2020 年 3 月，世界气象组织发布了《2019 年全球气象状况声明》，该组织在声明中指出，气候变暖和极端天气气候事件不断影响人类健康、社会经济发展、人口迁徙、粮食安全及陆地和海洋生态系统等方方面面。从中可以看出，天气情况会对人们的日常出行及许多行业的经营情况造成较大的影响。

如今，人们对美好生活的追求越来越多，在气象服务方面也不例外，人们希望获得更精准的天气预报。这样便可以随时获知一公里内半小时的天气情况，甚至更短时间、更小空间范围内的天气情况。除此之外，优质的气象服务也在企业安全生产、提高应急能力和防灾减灾能力方面发挥着重要作用，越来越多的企业开始意识到天气与运营安全、运营成本之间的密切关系。但是传统的数据分析技术的准确度与时效性无法满足当下社会人们对气象分析的需求。而大数据时代的到来使得整个数据分析的过程更为科学合理，气象数据中隐含的价值也将得到进一步的挖掘与应用。

某公司打算制作一款天气预报产品，其中一个重要的功能是实现世界各地历史天气情况的展示，从而提供未来天气情况的趋势分析、灾害天气的预警，帮助人们研究天气对生活环境的影响。该公司计划使用美国国家海洋和大气管理局（NOAA）提供的气象数据实现此功能，因为这套数据包含了全球 2 万多个站点的地面实测数据，同时也包含了一些卫星和高空实测数据，足以满足该公司的数据量需求。那么通过这套数据，可以分析出哪些天气信息呢？这些信息又能带给我们怎样的价值呢？

任务一 清洗气象指标数据

【能力目标】

通过本任务的教学，读者理解相关知识之后，应达到以下能力目标。

- 根据采集的原始数据集及完整性规则，能编写使用简单删除法或空值替代法处理离线数据集中缺省数据的脚本，获得完整的数据集。
- 根据完整数据集及去重规则，能编写标记、删除离线数据集中重复字段的脚本，获得无干扰数据集。
- 根据无干扰数据集及标准化规则，能编写统一处理离线数据集中不符合标准单位要求或给定结果集字段的脚本，获得标准化数据集。
- 根据标准化数据集及可用性规则，能编写替换、标记或删除离线数据集中不符合数据质量要求数据的脚本，获得可用数据集。
- 根据可用数据集，能编写去除离线数据中无关字段的脚本，获得有效数据集。

【任务描述与要求】

任务描述：

由于原始数据包含了近 120 年的气象监测数据，数据量非常庞大，因此某公司选择了 1936 年—1940 年的数据进行技术预研，数据采集人员将历年气象观测数据以 ORC 文件格式存储在数据仓库 Hive 的 ODS 层中，并根据年份创建分区。除此之外，还有 3 个辅助说明的数据表。为了方便后续对数据的计算，现在要对数据根据不同的数据处理业务需求进行清洗操作。

任务要求：

- 针对不同的数据处理业务需求清洗数据，并将清洗结果保存到 DWD 层中。
- 对数据清洗的结果进行验证，检查是否满足数据处理的业务需求。

【任务资讯】

1. 气象数据的业务逻辑

气象数据并不是凭空而来的，它由分散在世界各地的地面气象观测站或高空观测点提供，本项目用到的 NOAA 气象数据库就覆盖了全球 2 万多个站点的数据。通常来说，观测数据包含了气温、气压、相对湿度、风力、降水量等要素每个时间段的观测值。但并不是每组气象观测数据都准确无误，由于观测仪器故障等原因，记录的数据可能包含异常数据，甚至出现数据丢失情况，为了避免与正常数据混淆，通常会标注为 "9999" 或 "+9999"。

最终，气象观测站将会定期把这些观测数据及该站点的基本信息一并以报文的形式发送给气象数据中心。

除了气象观测数据，气象观测站还会对该站点每年每月的观测次数做记录，作为数据样本可靠性的评判依据和历史记录备份。

2."脏"数据出现原因

数据质量问题是大数据采集和使用过程中难以避免的，可能是因为数据源的数据模式设计错误、录入错误、使用不当，也可能是多个数据源之间的数据模式不匹配、数据格式不统一、数据记录不一致等原因引起的。

3.缺省数据的处理方法

在不同的情况下，缺省数据的处理方法也有所不同，通常分为以下3种处理方法。

- 不做处理。

数据是经过采集得到的，数据集并不能保证每行每列都没有缺失数据。如果分析计算的问题与该处缺失值无关，则此时无须处理。

- 删除记录。

当原始数据量足够大，空值数据所占比例较小，对结果影响不大时，可以对其进行丢弃处理。

- 替换值。

当原始数量较少时，直接删除空值会造成样本量不足，可能会改变变量的原有分布。此时，可以利用现有变量的信息，对空值进行填补。

【任务计划与决策】

1. 观察数据

在清洗数据之前，需要结合要清洗数据的数据字典，对数据进行观察，了解数据的特征。同时也要考虑气象数据的产生来源，有针对性地设计数据清洗计划。

2. 去重处理

考虑到数据采集时可能因为作业执行异常而产生重复数据，因此先对气象观测数据进行去重处理，删除重复的数据记录。

3. 处理异常值

通过【任务资讯】可知，气象数据可能存在一些缺失或异常数据，通常标注为"9999"或"+9999"，虽然这些数据为缺失数据，但是仍可能存在有价值的信息。所以在清洗数据时不能因为某个字段的缺失或异常而将整条数据都删除。最好能在执行数据清洗任务时，将数据根据不同的气象指标进行拆分，再对这些异常数据进行过滤处理。除了气象指标所对应的相关数据，还需要一个字段作为该主题的主键用于标识该条记录。

除此之外，气象数据包含的气压、温度等数据都涉及度量单位，因此要注意这些度量单位是否是国际标准单位。

【任务实施】

根据任务计划与决策的内容，可以推导出如下所示的操作流程。

- 首先要对数据进行观察，了解数据的表结构，发现数据自身的规律及特点，并根据这些规律及特点对数据进行去重拆分。
- 通过对气温相关的字段进行观测后，再对存在的异常数据进行清洗，并将数据进行拆分存储。
- 通过对露点温度相关的字段进行观测后，再对存在的异常数据进行清洗，并将数据进行拆分存储。
- 清空操作记录，使用连线按照实验流程进行连接，并查询最终执行情况。

具体实施步骤如下。

步骤一：去重拆分数据

需要处理的数据存储在数据仓库 Hive 中，为了观察数据的格式及监控每个处理步骤的效果，预先在工作流页面创建 hql 节点，并重命名为"observe_hive"。

在拆分数据表之前，先对数据进行观察，了解数据的表结构，发现数据自身的规律及特点，并根据这些规律及特点制订清洗方案，因此双击"observe_hive"节点打开脚本编辑页面，输入如下代码查询数据表内容：单击"保存"按钮和"执行"按钮，执行成功后，将会返回气象观测数据表数据，如图 3-1 所示。

```
USE x_class;
--查看气象观测数据表数据,由于数据量过大,因此只加载100条记录
SELECT * FROM jx22x41_p5_data_orc LIMIT 100;
```

图3-1 返回气象观测数据表数据

从运行结果可以观察到，数据表只有一个"record"字段，"record"字段记录的内容是一长串字符串，每一个字符串都具有特殊的意义，但是一长串字符串连接在一起，让人难以理解是什么意思，需要参照相关的字典才能够理解其真正的含义，如表 3-1 所示。

表 3-1 气象数据字典

字符串中的位置	字 段 含 义
5～10	USAF 气象站编号
11～15	WBAN 气象站编号

字符串中的位置	字 段 含 义
16～23	观测日期
24～27	观测时间
88～92	气温
93	气温观测质量
94～98	露点温度
99	露点温度观测质量

为了能够更加直观地观测数据表内的具体含义，接下来需要根据气象数据字典进行数据拆分，但是在拆分数据之前，数据采集过程中往往会产生重复数据，因此创建名为"cl_data"的 hql 节点，保存并打开该节点脚本编辑页面，输入如下代码对"jx22x41_p5_data_orc"数据表中的重复数据进行处理，由于数据量非常大，将清洗后的数据以 ORC 格式进行存储。

```
USE bigdata_dw;
CREATE TABLE IF NOT EXISTS bigdata_dw.tmp_data
--存储为 ORC 格式的文件
STORED AS ORC AS
SELECT DISTINCT record
FROM x_class.jx22x41_p5_data_orc;
```

保存当前节点并运行，运行成功后退出当前节点。数据去重后，便可以通过数据字段"record"进行拆分数据，拆分出 USAF 气象站编号、WBAN 气象站编号、观测日期、观测时间、气温、气温观测质量、露点温度及露点温度观测质量字段。由于在 Hive 中使用中文进行字段命名，将会造成字符编码的问题，因此需要将以上字段，使用英文进行字段命名，如表 3-2 所示。

表 3-2　数据字段英文命名

中 文 字 段	英 文 字 段
USAF 气象站编号	usaf
WBAN 气象站编号	wban
观测日期	gpo_date
观测时间	gpo_time
气温	temp
气温观测质量	temp_quality
露点温度	dew_temp
露点温度观测质量	dew_temp_quality

接下来，创建名为"split_table"的 hql 节点并打开该节点脚本编辑页面，输入如下代码：

```
USE bigdata_dw;
--创建表，用于存储拆分后的数据
CREATE TABLE  IF NOT EXISTS  bigdata_dw.split_table
--存储为 ORC 格式的文件
STORED AS ORC AS
```

```
SELECT
    --切割 record 字段中 5～10 位置上的 USAF 气象站编号数据
    SUBSTR(record,5,6) AS usaf,
    --切割 record 字段中 11～15 位置上的 WBAN 气象站编号数据
    SUBSTR(record,11,5) AS wban,
    --切割 record 字段中 16～23 位置上的观测日期数据
    SUBSTR(record,16,8) AS gpo_date,
    --切割 record 字段中 24～27 位置上的观测时间数据
    SUBSTR(record,24,4) AS gpo_time,
    --切割 record 字段中 88～92 位置上的气温数据
    SUBSTR(record,88,5) AS temp,
    --切割 record 字段中 93 位置上的气温观测质量数据
    SUBSTR(record,93,1) AS temp_quality,
    --切割 record 字段中 94～98 位置上的露点温度数据
    SUBSTR(record,94,5) AS dew_temp,
    --切割 record 字段中 99 位置上的露点温度观测质量数据
    SUBSTR(record,99,1) AS dew_temp_quality
FROM bigdata_dw.tmp_data;
```

保存当前节点并运行，运行成功后退出当前节点，为了检验数据拆分表是否成功创建，打开"observe_hive"节点，输入如下代码查看去重后的气象观测数据表：

```
--查看去重后的气象观测数据表
SELECT * FROM bigdata_dw.split_table LIMIT 100;
```

保存当前节点并运行，若能成功返回 8 列数据集，并且第一行包含"usaf"、"wban"、"gpo_date"、"gpo_time"、"temp"、"temp_quality"、"dew_temp"及"dew_temp_quality"字段名称，则表示成功拆分数据表，如图 3-2 所示。

usaf ⇕	wban ⇕	gpo_date ⇕	gpo_time ⇕	temp ⇕	temp_quality ⇕	dew_temp ⇕	dew_temp_quality ⇕
010100	99999	19370401	0600	+9999	9	+9999	9
010550	99999	19401017	1800	+9999	9	+9999	9

图3-2　检验字段是否拆分成功

步骤二：拆分清洗气温数据表

在任务要求中，需要针对气温信息进行相关的计算，因此要从步骤一中的"split_table"数据表中，抽取出与气温相关的字段。"split_table"数据表所拥有的字段有 USAF 气象站编号、WBAN 气象站编号、观测日期、观测时间、气温、气温观测质量、露点温度及露点温度观测质量，其中与气温相关的字段有 USAF 气象站编号、WBAN 气象站编号、观测日期、观测时间、气温、气温观测质量，因此在开始清洗数据之前，需要对气温相关的字段进行观测。

打开名为"observe_hive"的节点，输入如下代码查看数据表内容：

```
SELECT
    usaf, wban, gpo_date,gpo_time,temp,temp_quality
FROM bigdata_dw.split_table;
```

保存当前节点并运行，根据运行结果可以观察到，"gpo_date"字段由"年份+月份+日期"拼接而成，而"temp"字段的值为"+9999"，明显不是正常气温，如图 3-3 所示。

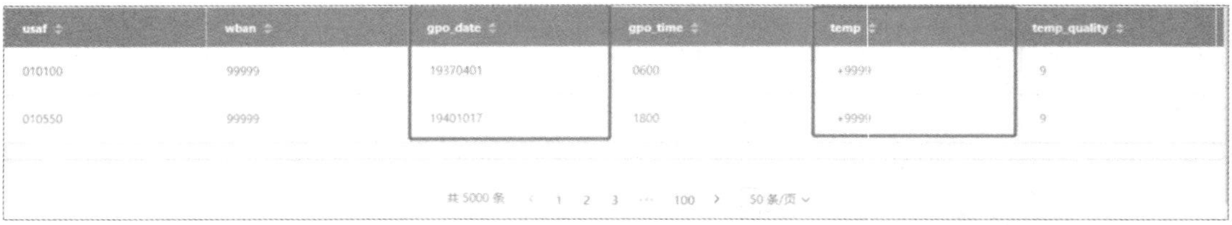

usaf ⇕	wban ⇕	gpo_date ⇕	gpo_time ⇕	temp ⇕	temp_quality ⇕
010100	99999	19370401	0600	+9999	9
010550	99999	19401017	1800	+9999	9

共 5000 条　1　2　3　…　100　＞　50条/页 ⌄

图3-3　观察气温相关数据

在数据表中，"temp"字段的单位为摄氏度，若为"+9999"则表示数据丢失。而"temp_quality"字段的值的含义如下。

- 0：通过总限制检查。
- 1：通过所有质量控制检查。
- 2：可疑。
- 3：错误。
- 4：通过总限制检查，数据来自 NCEI 数据源。
- 5：通过所有质量控制检查，数据来自 NCEI 数据源。
- 6：可疑，数据来自 NCEI 数据源。
- 7：错误，数据来自 NCEI 数据源。
- 9：若存在元素，则通过总限制检查。

若"temp_quality"字段的值为"2"、"3"、"6"和"7"，则表示该气温观测记录存在异常，因此接下来可以根据这些信息，先对"split_table"数据表进行列裁剪，再将"temp"字段值为"+9999"及"temp_quality"字段值为"2"、"3"、"6"和"7"的异常数据进行清洗，最后还需要对"temp"字段的值除以"10"，将数据恢复为正常的摄氏度。

先创建"create_temp"的 hql 节点，再创建气温数据表，代码如下：

```
USE bigdata_dw;
--创建数据表，用于存储清洗后的气温数据表内容
CREATE TABLE IF NOT EXISTS bigdata_dw.dwd_temp AS
SELECT
    usaf, wban, gpo_date,gpo_time,temp/10 as temp,
    --从 gpo_date 字段中截取前四位数据，获取年份数据
    SUBSTR(gpo_date,1,4) AS year
FROM bigdata_dw.split_table
WHERE temp != '+9999'
    AND temp_quality NOT IN (2, 3, 6, 7);
```

为了查看气温数据表是否创建成功，打开名为"observe_hive"的节点，输入如下代码：

```
USE bigdata_dw;
SELECT * FROM bigdata_dw.dwd_temp;
```

若返回结果能显示数据，并且"temp"字段的值不是"+9999"，则表示成功从"split_table"表中拆分气温相关数据，并对其中的异常数据进行了清洗，如图 3-4 所示。

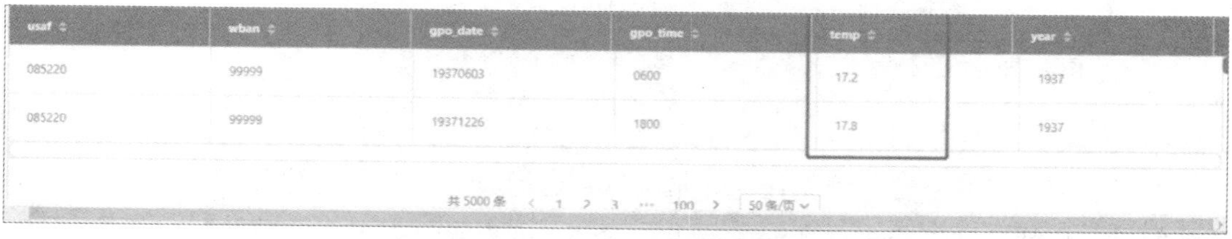

图3-4 查看气温数据是否被处理成功

步骤三：拆分清洗露点温度表

在任务要求中，需要针对露点温度信息进行相关的计算，因此要从步骤一中的"split_table"数据表中，抽取出与露点温度相关的字段，"split_table"数据表中的字段有USAF 气象站编号、WBAN 气象站编号、观测日期、观测时间、气温、气温观测质量、露点温度及露点温度观测质量，其中与露点温度相关的字段有 USAF 气象站编号、WBAN 气象站编号、观测日期、观测时间、露点温度、露点温度观测质量，因此在开始清洗数据之前，需要对露点温度相关的字段进行观测。

打开名为"observe_hive"节点，输入如下代码查看数据表内容：

```
SELECT
    usaf, wban, gpo_date,gpo_time,dew_temp,dew_temp_quality
FROM bigdata_dw.split_table;
```

保存当前节点并运行，根据运行结果可以观察到，"dew_temp"字段的值为"+9999"，明显不是正常露点温度，如图 3-5 所示。

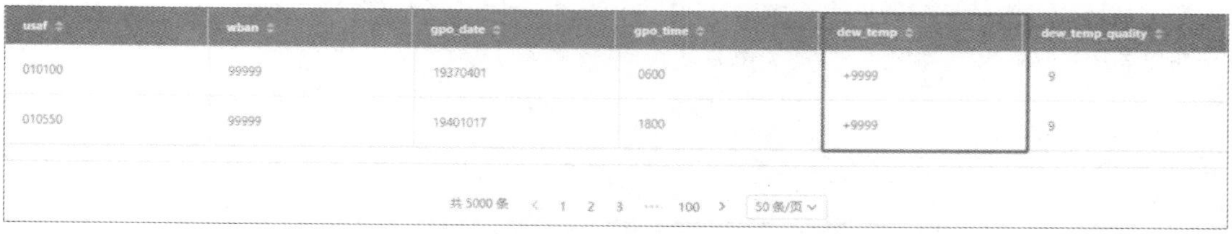

图3-5 观察露点温度相关数据

在数据表中，"dew_temp"字段的单位为摄氏度，若"dew_temp"字段的值为"+9999"则表示数据丢失。而"dew_temp_quality"字段的内容和"temp_quality"字段的内容是一样的，若其值为"2"、"3"、"6"和"7"则表示该露点温度观测记录存在异常。

接着可以根据这些信息，先对"split_table"数据表进行列裁剪，再将"dew_temp"字段值为"+9999"及"dew_temp_quality"字段值为"2"、"3"、"6"和"7"的异常数据进行清洗，最后还需要对"dew_temp"字段的值除以"10"，将数据恢复为正常的摄氏度。

创建名为"create_dew_temp"的 hql 节点，再创建露点温度数据表，代码如下：

```
USE bigdata_dw;
--创建数据表，用于存储清洗后的露点温度数据表内容
CREATE TABLE IF NOT EXISTS bigdata_dw.dwd_dew_temp AS
SELECT
    usaf, wban, gpo_date,gpo_time,dew_temp/10 as dew_temp,
    --从gpo_date字段中截取前四位数据，获取年份数据
```

```
    SUBSTR(gpo_date,1,4) AS year
FROM bigdata_dw.split_table
WHERE dew_temp != '+9999'
    AND dew_temp_quality NOT IN (2, 3, 6, 7);
```

保存当前节点并运行，若无任何异常则表示运行成功。为了查看露点温度数据表是否成功创建，打开名为"observe_hive"节点，输入如下代码：

```
SELECT * FROM bigdata_dw.dwd_dew_temp;
```

若返回结果能显示数据，并且"dew_temp"字段的值不是"+9999"，则表示成功从"split_table"数据表中拆分露点温度相关数据，并对其中的异常数据进行了清洗，如图 3-6 所示。

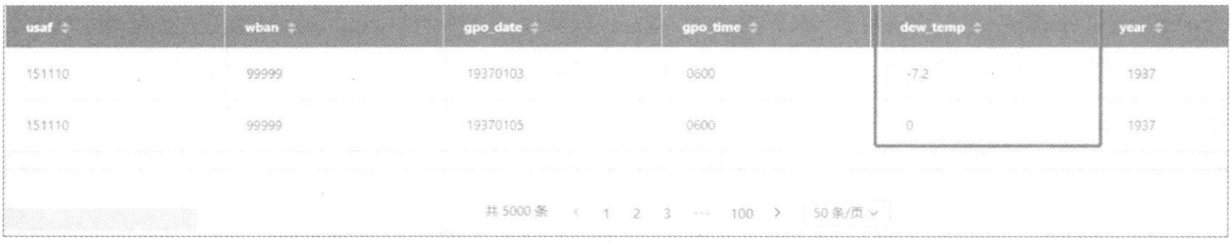

usaf	wban	gpo_date	gpo_time	dew_temp	year
151110	99999	19370103	0600	-7.2	1937
151110	99999	19370105	0600	0	1937

共 5000 条　< 1 2 3 … 100 > 50 条/页 ∨

图3-6　查看露点温度数据是否被处理成功

步骤四：构建工作流

打开"observe_hive"的 hql 节点，注释当前代码并输入如下代码清空创建好的所有数据表：

```
USE bigdata_dw;
--删除去重后的数据表
DROP TABLE IF EXISTS tmp_data;
--删除拆分后的数据表
DROP TABLE IF EXISTS split_table;
--删除气温数据表
DROP TABLE IF EXISTS dwd_temp;
--删除露点温度数据表
DROP TABLE IF EXISTS dwd_dew_temp;
```

为了检验数据表是否被全部删除，注释当前代码并输入如下代码查询当前 bigdata_dw 数据库中是否还存在"tmp_data"、"split_table"、"dwd_temp"及"dwd_dew_temp"数据表：

```
USE bigdata_dw;
--查询当前库表
SHOW TABLES;
```

如果返回的数据列表中不存在"tmp_data"、"split_table"、"dwd_temp"及"dwd_dew_temp"数据表，则表示删除成功，然后删除"observe_hive"节点。

在工作流页面中，将鼠标指针悬浮在各节点上，使用连线将各节点进行连接，连接顺序如下。

（1）"cl_data"。

（2）"split_table"。

（3）"create_temp"和"create_dew_temp"并列。

新建一个名为"select_all"的 hql 节点，放在最后，用来查询最终执行情况，代码如下：

```
USE bigdata_dw;
--查询气温数据表内容
SELECT * FROM dwd_temp;
--查询露点温度数据表内容
SELECT * FROM dwd_dew_temp;
```

保存当前节点，返回工作流页面，分别单击"保存"按钮和"执行"按钮，如图 3-7 所示。等待工作流执行完毕，若全部节点运行正常，则表示所有代码均无误。

打开并运行"select_all"节点，将会返回两个结果集，通过单击"结果集 1"下拉按钮进行切换查询。若结果集能正常显示，并且结果集中的异常数据也被删除，则表示数据清洗成功，如图 3-8、图 3-9 所示。

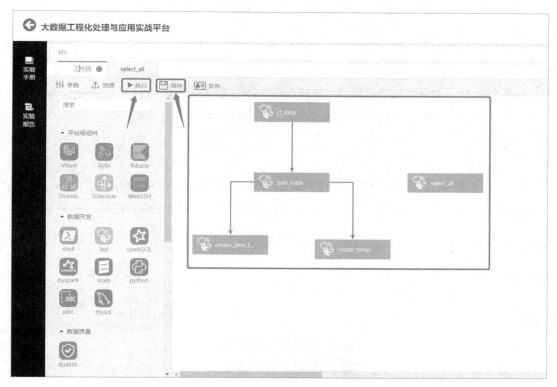

图3-7　工作流执行顺序

usaf	wban	gpo_date	gpo_time	temp	year
085220	99999	19370603	0600	17.2	1937
085220	99999	19371226	1800	17.8	1937

图3-8　气温数据计算结果

下载	usaf ⇅	wban ⇅	gpo_date ⇅	gpo_time ⇅	dew_temp ⇅	year ⇅
	151110	99999	19370103	0600	-7.2	1937
	151110	99999	19370105	0600	0	1937

共 5000 条 < 1 2 3 … 250 > 20 条/页 ∨

图3-9　露点温度计算结果

为了避免存储大量数据造成系统资源浪费，需要将刚才创建的数据表删除，创建一个名为"drop_all"的 hql 节点，清空创建好的所有数据表，代码如下：

```
USE bigdata_dw;
--删除去重后的数据表
DROP TABLE IF EXISTS tmp_data;
--删除拆分后的数据表
DROP TABLE IF EXISTS split_table;
--删除气温数据表
DROP TABLE IF EXISTS dwd_temp;
--删除露点温度数据表
DROP TABLE IF EXISTS dwd_dew_temp;
```

为了检验数据表是否被全部删除，注释当前代码并输入如下代码查询当前 bigdata_dw 数据库中是否还存在"tmp_data"、"split_table"、"dwd_temp"及"dwd_dew_temp"数据表：

```
USE bigdata_dw;
--查询当前库表
SHOW TABLES;
```

保存并执行当前节点，执行完成后，如果返回的数据列表中不存在"tmp_data"、"split_table"、"dwd_temp"及"dwd_dew_temp"数据表，则表示删除成功。

【任务小结】

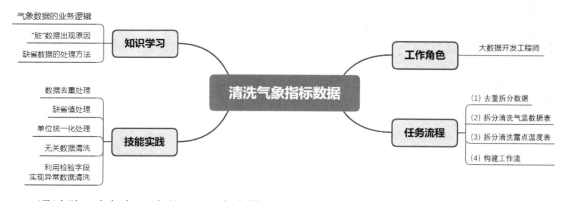

通过学习本任务，读者可以对气象数据进行观察，分析不同数据表的清洗策略。对于最为复杂的气象观测数据表，根据不同的观测指标将其拆分为多个表并分别进行异常数据清洗，保存为基于年份分区的 ORC 表。

通过本任务的实践，读者可以巩固去重语法的使用、缺省值及各类异常值的处理、动态分区表的实现等相关操作知识。

【任务拓展】

基于本项目的业务场景和原始数据，请尝试实现以下任务。

（1）本任务在实施过程中，仅仅将年份从记录日期中拆分出来作为分区字段。但月份也是一个用于计算的常用时间维度，请对清洗语句进行优化，将月份从记录日期中拆分出来作为分区字段。

（2）本任务只清洗了气温数据和露点温度数据，但风力也是天气应用中常见的数据指标，请根据如表 3-3 所示的数据字典对历年来风力观测数据进行清洗。

表 3-3 风力相关数据

位置	字段注释	数据样例	说 明
61~63	风向	250	正北方向和风向之间的顺时针角度。若数据为 999，则表示数据丢失或变化无常
64~65	风向观测质量	1	若数据为 2、3、6、7，则表示该风向观测记录存在异常
66~69	风速	0010	单位为米/秒。若数据为 9999，则表示数据丢失
70	风速观测质量	1	若数据为 2、3、6、7，则表示该风速观测记录存在异常

任务二 计算气象指标数据

【能力目标】

通过本任务的教学，读者理解相关知识之后，应达到以下能力目标。

- 根据数据清洗后的数据集，能编写连接各数据表并根据处理需求进行数值计算、字符转换、时间计算等处理的脚本，获得正确处理后的多表数据集。
- 根据数据维度结构及需求，对数据表进行数值计算。
- 根据多表数据集，能编写对多表数据进行字段合并、拆分等操作的脚本，获得字段对应的多表数据集。
- 根据字段对应多表数据集，能编写连接、关联处理多表数据的脚本，获得关联整合数据集。根据处理后的数据集，将同业务中的数据进行连接、关联处理。
- 根据关联整合数据集，能编写数据条件聚合、分组的脚本，获得关联计算数据集。根据关联后的数据表，进行条件聚合。

【任务描述与要求】

任务描述：

原始数据经过数据清洗之后，此时气象观测数据均为有效数据。为了模拟历史天气的应用场景，项目经理计划利用这五年的气象数据实现以下 3 个测试功能。

- 对各国历年来气象观测记录量进行排名，从而验证各国数据可靠性。
- 计算各国历年来的气温状况，用于绘制全球气温情况分布图。
- 选取记录量最多的国家，计算该国全年温度变化趋势，从而模拟天气趋势预测功能。

任务要求：

- 使用 Hive 实现不同数据表之间的内连接。
- 使用聚合函数进行数据计算。
- 使用顺序或倒序对计算的指标进行排序。

【任务资讯】

1. 数据计算的基本概念

Hive 作为构建在 Hadoop 中的数据仓库，其数据存储在 HDFS 中，而运算则是将 HQL 语句自动转化为 MapReduce 作业执行。因此对 Hive 而言，数据计算是一个非常重要的内容。Hive 的数据计算通常包括以下几种形式。

（1）条件计算。

条件计算针对不同的条件进行计算。使用 IF、CASE…WHEN 等自带函数根据不同判断条件进行计算。

（2）表关联计算。

有时计算需要用到的字段来源于另外一个表，那么此时便可以使用"JOIN…ON"语句将两个表合并起来，在此基础上进行其他计算。

（3）分组聚合计算。

使用"GROUP BY"语句将指定的字段作为条件，将该字段数值相同的数据进行分组汇聚。该语句与"MAX()""AVG()"等函数搭配使用，通常用于进行数据统计。

（4）排序计算。

使用"ORDER BY"语句根据指定的字段进行顺序排列或倒序排列。除此之外，还可以结合"LIMIT"语句或开窗函数，根据排名查询前 N 条数据。

2．基于 Hive 进行数据替换

基于 Hive 进行数据替换通常有以下几种方法。

（1）使用 Hive 自带的 NVL()函数，为 NULL 数据重新赋值。

语法格式如下：

```
NVL(stringA,replace_with)
```

功能：如果 stringA 的值为 NULL，则 NVL()函数返回 replace_with 的值；否则返回 stringA 的值。如果两个参数都为 NULL，则 NVL()函数返回 NULL。

（2）使用 Hive 自带的判断函数。

- CASE…WHEN…THEN 的语法格式如下：

```
CASE 结果赋值字段
    WHEN 条件 1 THEN 结果 1
    WHEN 条件 2 THEN 结果 2
    ELSE 结果 3
END
```

功能：若满足条件 1 则将结果 1 赋值到 CASE 后面的字段，若条件均不满足则将 ELSE 后面的结果 3 赋值到 CASE 后面的字段。

- IF 的语法格式如下：

```
if(布尔条件, T1, T2)
```

功能：当布尔条件的值为 TRUE 时，返回值为 T1；否则返回值为 T2。

【任务计划与决策】

1．清洗结果分析

在计算数据之前，要明确计算需要哪些原始数据支撑，要明确是否有相关的数据表，数据表中的数据是否可以直接用于计算，要做哪些处理等。

2．各项数据指标计算

计算各国历年来的气象观测记录量排名，需要考虑观测记录量从何而来，是否可以直接对该值进行排序，有无其他计算操作。

计算各国历年来的气温状况，需要考虑怎样对温度进行计算能最大限度地体现不同地理位置、不同季节的气温特征。同时，部分国家或地区可能在 1936 年—1940 年这五年期间没有正常运行的气象站，在计算时也应该考虑到这一点。

而某国家各个地区的全年温度变化趋势这个计算指标，还涉及了地理位置和月份两个维度。在这种情况下应该如何处理呢？是为每个地区创建一个数据表记录该地区各月的气温信息，还是为每个月份创建一个数据表记录各个地区当月的气温信息？但是这样的计算方法，需要创建较多的数据表，在数据仓库的场景下是不便于管理的，因此可以参考本项目任务一中的动态分区方法实现。

【任务实施】

根据任务计划与决策的内容，可以推导出如下所示的操作流程。

- 为了更好地对数据进行处理，先观察并分析 3 个数据表的字段及数据内容。
- 对历史数据清单表与气象站点信息表进行内关联，对数据进行抽取计算，并按计算后的数量进行倒序排列。
- 对气温数据表与气象站点信息表进行内关联，计算最高温度、最低温度及平均温度，并对异常数据进行清除。
- 选取记录量最多的国家，计算该国全年温度变化趋势，将计算结果插入分区数据表中，从而模拟天气趋势预测功能。
- 清空操作记录，使用连线按照实验流程进行连接，并查询最终执行情况。

具体实施步骤如下。

步骤一：观察数据

从已知的实验准备中，知道需要进行处理的数据存储在数据仓库 Hive 中，为了观察数据的格式及监控每个计算步骤的效果，预先在工作流页面中创建 hql 节点，并重命名为"observe_hive"。

在进行数据计算之前，需要先观察 3 个数据表的格式信息，这有利于更好地对数据进行处理。打开名为"observe_hive"的 hql 节点，输入如下代码：

```
USE x_class;
--观察历史数据清单表信息
SELECT * FROM jx22x41_p5_inventory;
--观察气象站点信息表信息
SELECT * FROM jx22x41_p5_station_info;
--观察气温数据表信息
SELECT * FROM jx22x41_p5_dwd_temp;
```

保存并运行当前节点，运行结果将会返回 3 个结果集。通过单击"结果集 1"下拉按钮切换结果集。结果集会显示数据表的字段及数据内容，"结果集 1"代表的是"jx22x41_p5_inventory"历史数据清单表中的数据，如图 3-10 所示。

usaf	wban	record_year	jan	feb	mar	apr	may	jun	jul
7018	99999	2011	0	0	2104	2797	2543	2614	3
7018	99999	2013	0	0	0	0	0	0	7

图3-10　观察历史数据清单表中的数据

历史数据清单表的字段名称、类型及其含义如表 3-4 所示。

表 3-4　历史数据清单表的字段名称、类型及其含义

字 段 名 称	字 段 类 型	字 段 含 义
usaf	string	USAF 气象站编号
wban	int	WBAN 气象站编号
record_year	string	记录年份
Jan	int	本年一月记录次数
Feb	int	本年二月记录次数
Mar	int	本年三月记录次数
Apr	int	本年四月记录次数
May	int	本年五月记录次数
Jun	int	本年六月记录次数
Jul	int	本年七月记录次数
Aug	int	本年八月记录次数
Sep	int	本年九月记录次数
Oct	int	本年十月记录次数
Nov	int	本年十一月记录次数
Dec	int	本年十二月记录次数

"结果集 2"代表的是"jx22x41_p5_station_info"气象站点信息表中的数据，如图 3-11 所示。

usaf	wban	station_name	ctry	station_state	icao	lat
7018	99999	WXPOD 7018				0
7026	99999	WXPOD 7026	AF			0

图3-11　观察气象站点信息表中的数据

气象站点信息表的字段名称、类型及其含义如表 3-5 所示。

表 3-5　气象站点信息表的字段名称、类型及其含义

字 段 名 称	字 段 类 型	字 段 含 义
usaf	string	USAF 气象站编号
wban	int	WBAN 气象站编号
station_name	string	站点名称
ctry	string	国家/地区名称缩写
station_state	string	站点状态
icao	string	机场编号
lat	string	站点纬度
lon	double	站点经度
elev	double	站点海拔
begin_date	string	首次记录的日期
end_date	string	最后记录的日期

结果集 3 代表的是"jx22x41_p5_dwd_temp"气温数据表中的数据，如图 3-12 所示。

usaf ⇅	wban ⇅	gpo_date ⇅	gpo_time ⇅
085220	99999	19370603	0600
085220	99999	19371226	1800

图3-12　观察气温数据表中的数据

气温数据表的字段名称、类型及其含义如表 3-6 所示。通过数据观察可以看到，3 个数据表可以通过"usaf"字段和"wban"字段进行关联。

表 3-6　气温数据表的字段名称、类型及其含义

字 段 名 称	字 段 类 型	字 段 含 义
usaf	string	USAF 气象站编号
wban	int	WBAN 气象站编号
gpo_date	string	观测日期
gpo_time	string	观测时间
temp	double	气温数据
year	int	观测年份

步骤二：实现记录量排序

下面对各国历年来气象观测记录量进行排名，从而验证各国数据可靠性，但是由于数据量十分庞大，在实验中仅抽取 1936 年—1940 年的数据。

考虑到历史数据清单表中记录的是每个气象站编号对应的观测记录量，无法获知该气象站对应的国家/地区，因此先将历史数据清单表"jx22x41_p5_inventory"与气象站点信息表"jx22x41_p5_station_info"以 USAF 气象站编号和 WBAN 气象站编号作为主键进行关联。创建 hql 节点，并重命名为"rank"，打开该节点并输入如下代码：

```
USE bigdata_dw;
--将计算结果保存到数据表中
CREATE TABLE IF NOT EXISTS bigdata_dw.dws_ctry_record_rank AS
SELECT
    b.ctry,
    --将历史数据清单表中的各月观测量数据使用"+"进行累加，相当于计算该站点全年的观测量数据
    SUM(a.jan+a.feb+a.mar+a.apr+a.may+a.jun+a.jul+a.aug+a.sep+a.oct+a.
nov+a.dec) AS ctry_cnt_record
--对历史数据清单表与气象站点信息表进行内关联
FROM x_class.jx22x41_p5_inventory a
INNER JOIN x_class.jx22x41_p5_station_info b
ON a.usaf = b.usaf
    AND a.wban = b.wban
--抽取 1936 年—1940 年的数据
WHERE record_year <= 1940
    AND record_year >= 1936
GROUP BY b.ctry
--按计算后的数量进行倒序排列，实现各国气象观测量的排名
ORDER BY ctry_cnt_record DESC;
```

编写完代码后，保存并运行代码，观察运行结果，若日志没有报错，则表示运行正常。为了检验创建的结果是否正常，切换到"observe_hive"节点中，输入如下代码对结果进行查询：

```
USE bigdata_dw;
SELECT * FROM dws_ctry_record_rank;
```

若返回的数据集存在两列数据，并且字段分别为"ctry"及"ctry_cnt_record"，则表示记录量排序计算成功。从结果集可以观察到，1936 年—1940 年气象记录最多的 5 个国家依次是德国（GM）、美国（US）、波兰（PL）、俄罗斯（RS）、英国（UK），其中部分国家名称为空，这是因为公海上临时搭建的气象观测点不存在对应的国家/地区信息，因此为空值，如图 3-13 所示。

ctry	ctry_cnt_record
GM	995748
US	854227
	373011
PL	348462
RS	335941
UK	184959

图3-13 查询记录量排序结果

步骤三：计算各国温度状况

下面计算各国历年来的温度状况，计算最高温度、最低温度及平均温度（保留 2 位小数），用于绘制全球气温情况分布图，但是由于数据量十分庞大，在实验中仅抽取 1936 年—1940 年的数据。

由于气温数据表缺少气象站所在的国家/地区信息，因此在计算该指标时需要将气温数据表"jx22x41_p5_dwd_temp"与气象站点信息表"jx22x41_p5_station_info"形成关联关系。

接下来创建一个名为"ctry_temp"的 hql 节点，打开该节点并输入如下代码：

```
USE bigdata_dw;
--将计算结果保存到数据表中
CREATE TABLE IF NOT EXISTS bigdata_dw.dws_ctry_temp AS
SELECT
    b.ctry,
    --计算最低温度
    MIN(a.temp) AS min_temp,
    --计算最高温度
    MAX(a.temp) AS max_temp,
    --计算平均温度
    ROUND(AVG(a.temp),2) AS avg_temp
FROM x_class.jx22x41_p5_dwd_temp a
--对气温数据表与气象站点信息表进行内关联
INNER JOIN x_class.jx22x41_p5_station_info b
```

```
ON a.usaf=b.usaf AND a.wban=b.wban
--抽取1936年—1940年的数据
WHERE a.year<=1940 AND a.year>=1936
--针对公海上临时搭建的气象观测点数据进行清除
GROUP BY b.ctry;
```

编写完代码后，保存并运行代码，观察运行结果，若日志没有报错，则表示运行正常。为了检验创建的结果是否正常，切换到"observe_hive"节点中，输入如下代码对结果进行查询：

```
USE bigdata_dw;
SELECT * FROM dws_ctry_temp;
```

若运行结果为 4 列数据，其字段分别为"city"、"min_temp"、"max_temp"及"avg_temp"，则表示计算各国温度状况成功，如图 3-14 所示。

ctry	min_temp	max_temp	avg_temp
	-51.1	45	9.48
AJ	-27.8	38.9	14.4

图3-14 查看各国温度状况计算结果

步骤四：计算全年温度变化趋势

选取记录量最多的国家，计算该国全年温度变化趋势，从而模拟天气趋势预测功能。在步骤二中，可知 1936 年—1940 年气象观测记录总量最多的国家是德国，说明该国的气象数据用于计算分析将更具代表性。因此接下来选取德国计算 1936 年—1940 年各个气象站点所在地区的每月历史最高温度、最低温度及平均温度。为了方便数据管理，还需要以月份作为分区字段，构建一个分区表用于存储计算结果。

创建一个名为"create_GM_temp"的 hql 节点，打开该节点并输入如下代码，创建分区数据表结构，其中，"usaf"字段表示 USAF 气象站编号，"wban"字段表示 WBAN 气象站编号，"station_name"字段表示站点名称，"min_temp"字段表示最低温度，"max_temp"字段表示最高温度，"avg_temp"字段表示平均温度，"month"分区字段表示月份。

```
USE bigdata_dw;
CREATE TABLE IF NOT EXISTS bigdata_dw.dws_GM_temp(
    usaf string,
    wban string,
    station_name string,
    min_temp double COMMENT '最低温度',
    max_temp double COMMENT '最高温度',
    avg_temp double COMMENT '平均温度')
PARTITIONED BY (month int COMMENT '月')
STORED AS ORC;
```

观察运行结果，若日志无报错，则表示运行正常。为了检验分区数据表是否被成功创建，切换到"observe_hive"节点，输入如下代码对结果进行查询：

```
DESC bigdata_dw.dws_GM_temp;
```

若能成功查询出数据表结构，则表示成功创建分区数据表，如图 3-15 所示。

col_name ⇅	data_type ⇅	comment ⇅
usaf	string	
wban	string	

图3-15 查看分区数据表是否被成功创建

接下来在进行数据计算之前，需要开启 Hive 的动态分区。创建一个名为"insert_GM_temp"的 hql 节点，打开该节点并输入如下代码，根据站点编号和名称分组统计德国不同站点在各个月份的温度情况：

```
SET hive.exec.dynamic.partition=true;
SET hive.exec.dynamic.partition.mode=nonstrict;
USE x_class;
--将计算结果插入分区数据表中
INSERT OVERWRITE TABLE bigdata_dw.dws_GM_temp PARTITION(month)
SELECT
    a.usaf,
    a.wban,
    b.station_name,
    --计算最小温度
    MIN(a.temp) AS min_temp,
    --计算最大温度
    MAX(a.temp) AS max_temp,
    --计算平均温度
    ROUND(AVG(a.temp),2) AS avg_temp,
    --将温度表中的"gpo_date"字段进行拆分，拆分出月份信息
    SUBSTR(a.gpo_date,5,2) AS month
FROM
    jx22x41_p5_dwd_temp a
--对气温数据表与气象站点信息表进行内关联
INNER JOIN jx22x41_p5_station_info b
ON a.usaf=b.usaf AND a.wban=b.wban ·
--对数据进行过滤，仅保留德国数据
WHERE b.ctry='GM'
GROUP BY
    a.usaf,a.wban,
    b.station_name,
    SUBSTR(a.gpo_date,5,2);
```

观察运行结果，若日志无报错，则表示运行正常。为了检验分区数据表是否被成功创建，切换到"observe_hive"节点，输入如下代码对结果进行查询：

```
USE bigdata_dw;
SELECT * FROM dws_GM_temp;
```

若运行结果为 7 列数据，并且字段分别为"usaf"、"wban"、"station_name"、"min_temp"、"max_temp"、"avg_temp"及"month"，则表示统计德国不同站点在各个

月份的温度情况成功，如图 3-16 所示。

usaf	wban	station_name	min_temp	max_temp	avg_temp	month
100010	99999	FORSCHUNGS PLATFOR M	-12.8	30	1.56	1
100020	99999	BORKUMRIFF(LGT-VSL)	-6.1	8.9	4.36	1

图3-16　查询分组统计结果

步骤五：构建工作流

在"observe_hive"节点中，输入如下代码清空操作记录：

```
USE bigdata_dw;
--删除记录量排序计算结果数据表
DROP TABLE IF EXISTS dws_ctry_record_rank;
--删除计算各国温度状况结果数据表
DROP TABLE  IF EXISTS dws_ctry_temp;
--删除计算全年温度变化趋势结果数据表
DROP TABLE  IF EXISTS dws_GM_temp;
```

输入完成后单击"执行"按钮。为了检验是否正确删除所指定的数据表，输入如下代码对数据表进行查询：

```
USE bigdata_dw;
SHOW TABLES;
```

若返回结果中不包含刚才删除的数据表名，则表示成功删除数据表，最后删除"observe_hive"节点。

在工作流页面中，将鼠标指针悬浮在各节点上，使用连线将各节点进行连接，连接顺序如下。

（1）"rank"。

（2）"ctry_temp"。

（3）"create_GM_temp"。

（4）"insert_GM_temp"。

新建一个名为"select_all"的 hql 节点，放在最后，用来查询最终执行情况，输入如下代码：

```
--进入数据仓库的 DW 层
USE bigdata_dw;
--查询记录量排序计算结果
SELECT * FROM dws_ctry_record_rank;
--查询计算各国温度状况结果
SELECT * FROM dws_ctry_temp;
--查询计算全年温度变化趋势结果
SELECT * FROM dws_GM_temp;
```

保存节点内容，返回工作流页面，分别单击"保存"按钮和"执行"按钮。

等待工作流执行完毕后，若全部节点运行正常，则表示所有代码均无误，如图 3-17所示。

图3-17　工作流执行顺序

打开并运行"select_all"节点。若执行后返回 3 个结果集，并且通过单击"结果集 1"下拉按钮可以切换结果集，各结果集均正常显示数据，则表示数据计算成功，如图 3-18、图 3-19、图 3-20 所示。

ctry ⇕	ctry_cnt_record ⇕
GM	995748
US	854227

图3-18　查询记录量排序计算结果

ctry ⇕	min_temp ⇕	max_temp ⇕	avg_temp ⇕
	-51.1	45	9.48
AJ	-27.8	38.9	14.4

图3-19　查询各国温度状态结果

usaf ⇕	wban ⇕	station_name ⇕	min_temp ⇕	max_temp ⇕	avg_temp ⇕	month ⇕
100010	99999	FORSCHUNGS PLATFOR M	-12.8	30	1.56	1
100020	99999	BORKUMRIFF(LGT-VSL)	-6.1	8.9	4.36	1

图3-20　查询全年温度变化趋势情况

最后，为了避免存储大量数据造成系统资源的浪费，需要删除刚才创建的数据表，创建一个名为"drop_all"的 hql 节点，输入如下代码清空创建好的所有数据表：

```
USE bigdata_dw;
--删除记录量排序计算结果数据表
DROP TABLE IF EXISTS dws_ctry_record_rank;
--删除计算各国温度状况结果数据表
DROP TABLE  IF EXISTS dws_ctry_temp;
--删除计算全年温度变化趋势结果数据表
DROP TABLE  IF EXISTS dws_GM_temp;
```

保存并执行"drop_all"节点，执行完成后，为了检验数据表是否被全部删除，输入如下代码，查询当前"bigdata_dw"数据库是否还存在"dws_ctry_record_rank"、"dws_ctry_temp"及"dws_GM_temp"数据表：

```
USE bigdata_dw;
SHOW TABLES;
```

如果返回的数据列表中不存在"dws_ctry_record_rank"、"dws_ctry_temp"及"dws_GM_temp"，则表示成功删除数据表。

【任务小结】

通过学习本任务，读者可以对清洗后的气象数据进行计算分析。实现记录量排序、各国温度状况、全年温度变化趋势 3 个计算指标，发挥了气象数据的价值。通过本任务的实践，读者可以巩固排序语法的使用、关联计算、分组聚合等相关操作知识。

【任务拓展】

本任务主要围绕气温数据进行计算，而露点温度作为衡量大气湿度的重要指标也是非常重要的气象数据之一。请计算世界各国全年湿度情况并进行排名。

项目四
基于 Hive 的电商数据计算派生

【引导案例】

中国互联网络信息中心于 2020 年 9 月 29 日在北京发布第 46 次《中国互联网络发展状况统计报告》，报告显示，截至 2020 年 6 月，我国网民规模约为 9.40 亿人，相当于全球网民的五分之一。我国互联网普及率高达 67.0%，约高于全球互联网普及率平均水平 5%。城乡数字鸿沟显著缩小，城乡地区互联网普及率差异约为 24.1%，2017 年以来首次缩小到 30%以内。

我国互联网的高速发展、普及为互联网企业带来了巨大的发展机遇，相对于传统的工业领域，互联网领域的入门门槛较低，这一特点有利于更多的企业加入互联网浪潮，以便为人民的生活提供更好的服务。随着网络产业向纵深层次的不断发展，更多的人参与到互联网产业中，电商业务也就此慢慢应运而生，它的出现重新定义了流通模式，减少了中间环节，使得买家和卖家的直接交易成为可能，但也正是互联网企业的服务模式易于复制的原因，导致了同质化竞争激烈的互联网企业发展格局。

为了解决这一问题，对网站用户订单进行数据分析，有利于互联网企业准确把握网站发展的实际情况，以及网站用户心理需求和心理习惯，从而更有效地利用企业资源，以便在激烈的同质化竞争中找到属于自己的服务特点，获得比较优势，最终赢得竞争。

某公司近期推出会员日活动，当天凡是进行消费的用户，将会按照消费的金额，给予用户对应的会员等级。现在该公司希望能够通过当天的订单交易记录分析出值得重点推荐商品的用户及热门商品，那么如何对订单数据进行处理分析呢？

任务一　计算电商指标数据

【能力目标】

通过本任务的教学，读者理解相关知识之后，应达到以下能力目标。

- 根据数据清洗后的数据集，能编写连接各数据表并根据处理需求进行数值计算、字符转换、时间计算等处理的脚本，获得正确处理后的多表数据集。
- 根据关联整合数据集，能编写数据条件聚合、分组的脚本，获得关联计算数据集。根据业务需求，能使用 Hive 对数据集进行分组。

【任务描述与要求】

任务描述：

某公司近期推出会员日活动，当天凡是进行消费的用户，将会按照消费的金额，给予用户对应的会员等级。现在该公司希望能够通过该日的订单交易记录分析出值得重点推荐商品的用户及热门商品，但是在分析之前，需要对数据进行指标计算，所需要计算的指标需求如下。

- 计算单日每个用户消费总额。
- 计算单日商品购买次数。

任务要求：

- 使用左连接、右连接或内连接中的至少两种连接方法进行数据表连接。
- 使用 Hive 中的至少 3 个统计函数对数据表进行统计。

【任务资讯】

1. 基于 Hive 用于字段拆分的常见函数

在 Hive 中，用于字段拆分的常见函数有 SUBSTRING()（也可写作 SUBSTR()）和 SPLIT() 两种。

其中，SUBSTRING() 函数的用法有两种。

（1）SUBSTRING(STRING A,INT start)，返回字符串 A 从下标 start 位置开始到结尾的字符串。

（2）SUBSTRING(STRING A,INT start,INT len)，返回字符串 A 从下标 start 位置开始，长度为 len 的字符串。

SPLIT() 函数的语法则是查找分隔符，根据分隔符对字段进行拆分。SPLIT() 函数的语法格式为 SPLIT(STRING A,STRING B)，返回字符串 A 根据 B 分成的字符串数组。例如：

```
hive> select split('abcdef', 'c') from test;
结果: ["ab", "def"]
```

如果想要截取其中的某个数值，则可以通过指定数组名称进行定位。例如：

```
hive> select split('abcdef', 'c')[0] from test;
结果: ab
```

需要注意的是，如果目标分隔符是符号（如点号、括号等），则需要使用双斜杠"\\"进行转义。例如：

```
hive> select split('ab(c)def', '\\(')[1] from test;
结果: c)def
```

由此可以看出，该函数成功输出了"("右边的字符。

2. 基于 Hive 进行数据聚合的常见方法

聚合函数是 Hive 的一种内置函数，用于对一组值进行计算，并返回单个值。在 Hive 的聚合中，如果某个聚合列的值为 NULL，则包含该 NULL 的行将在聚合时被忽略。除 COUNT()函数以外，聚合函数通常与 SELECT 语句中的 GROUP BY 子句一起使用。如果聚合函数的字段不在 GROUP BY 子句中，则系统会报错。Hive 常见的聚合函数如表 4-1 所示。

表 4-1 Hive 常见的聚合函数

返 回 类 型	函 数 名	说 明
BIGINT	count(*)	返回检索到的行的总数，包括含有 NULL 的行
	count(expr)	返回 expr 表达式不是 NULL 的总行数
DOUBLE	sum(col)	对组内某列求和（包含重复值或不包含重复值）
DOUBLE	avg(col)	对组内某列元素求平均值（包含重复值或不包含重复值）
DOUBLE	min(col)	返回组内某列的最小值
DOUBLE	max(col)	返回组内某列的最大值
DOUBLE	variance(col)	返回组内某个数字列的方差
	var_pop(col)	

【任 务 计 划 与 决 策】

1. 观察数据

在对数据进行计算之前，先要了解数据内容及数据结构信息，Hive 提供了相关函数，可以使用 COUNT()函数计算数据的总条数，还可以使用 DESC()函数展示 Hive 表格的内在属性，如列名、data_type、存储位置等信息，最终根据数据观察的结果，结合业务需求对数据进行计算。

2. 计算数据指标

根据任务描述中的计算目标，可以了解两个计算指标都涉及时间维度。当需要按某个维度进行计算统计量信息时，可以通过使用 Hive 提供的 GROUP BY()函数进行分组，然后使用统计类型的聚合函数进行统计计算，如 SUM()函数、AVG()函数等。

3. 关联数据表

考虑到本任务涉及两个计算指标，为了方便用户后续查询，可以将计算结果通过某种关系关联。因此当需要对多个数据表进行关联时，先要观察数据表之间存在哪些关联关系，从而实现表关联。

【任务实施】

根据任务计划与决策的内容，可以推导出如下所示的操作流程。

- 为了便于后续进行更加细粒度的计算，对两个事实数据表进行数据观察及数据表关联。
- 根据数据观察的结果，对异常数据信息进行去除操作，并创建数据表用于存储计算后的结果。
- 为了计算一天内各个用户的消费总额，需要对数据集按用户进行分组，并计算每组订单总额。
- 为了计算一天内每件商品被购买的次数，需要对数据集按商品进行分组，并计算每组总购买次数。
- 清空操作记录，使用连线按照实验流程进行连接，并查询最终执行情况。

具体实施步骤如下。

步骤一：观察数据表关联

根据实验描述及实验准备的表名称，可以了解电商的事实数据表为用户订单表及用户订单详细表，并且两个业务需求都可以通过事实数据表进行统计计算，因此在进行数据计算之前，先对两个事实数据表进行数据观察，创建 hql 节点，并重命名为"observe_hive"。

打开名为"observe_hive"的节点，输入如下代码：

```
USE x_class;
--观察用户订单表
SHOW CREATE TABLE jx22x41_p6_orders;
--观察用户订单详细表
SHOW CREATE TABLE jx22x41_p6_orderinfo;
```

保存并运行"observe_hive"节点，运行结果将会返回两个结果集，通过单击"结果集1"下拉按钮可以切换查看结果集，结果集显示表的字段结构，其中，"结果集 1"表示"jx22x41_p6_orders"用户订单表数据，查看用户订单表数据如图 4-1 所示。

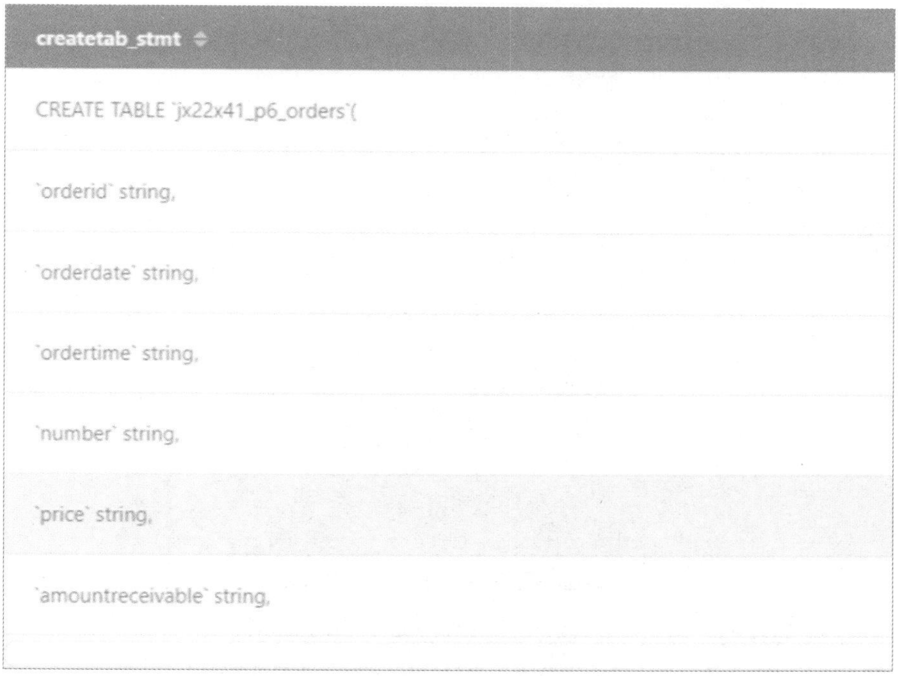

createtab_stmt
CREATE TABLE `jx22x41_p6_orders`(
`orderid` string,
`orderdate` string,
`ordertime` string,
`number` string,
`price` string,
`amountreceivable` string,

图4-1　查看用户订单表数据

用户订单表的字段名称、类型及其含义如表 4-2 所示。

表 4-2　用户订单表的字段名称、类型及其含义

字 段 名 称	字 段 类 型	字 段 含 义
orderid	string	订单 ID
orderdate	string	订单销售日期
ordertime	string	订单销售时间
number	string	销售数量
price	string	销售金额
amountreceivable	string	应收金额
discount	string	订单折扣
couponid	string	优惠券 ID
orderpoints	string	订单积分
memberid	string	会员 ID
storeid	string	门店 ID
ordertype	string	订单交易类型
orderstate	string	订单状态
updatetime	string	订单更新时间

“结果集 2”表示“jx22x41_p6_orderinfo”用户订单详细表数据，查看用户订单详细表数据如图 4-2 所示。

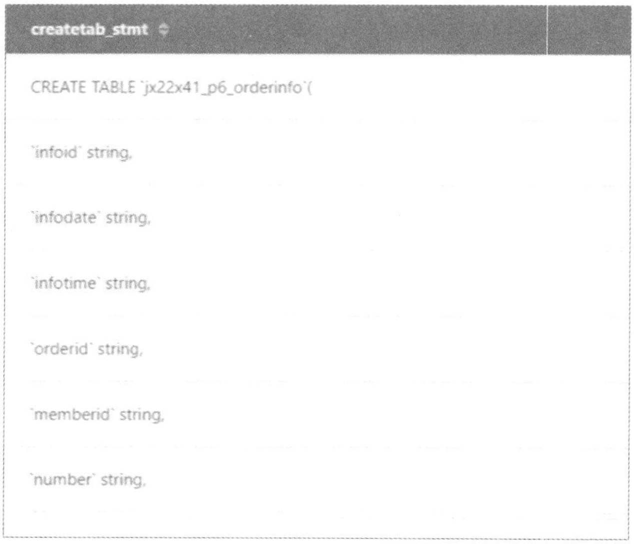
createtab_stmt
CREATE TABLE `jx22x41_p6_orderinfo`(
`infoid` string,
`infodate` string,
`infotime` string,
`orderid` string,
`memberid` string,
`number` string,

图4-2　查看用户订单详细表数据

用户订单详细表的字段名称、类型及其含义如表 4-3 所示。

表 4-3　用户订单详细表的字段名称、类型及其含义

字段名称	字段类型	字段含义
infoid	string	订单明细 ID
infodate	string	订单明细日期
infotime	string	订单明细时间
orderid	string	订单 ID
memberid	string	会员 ID
number	string	订单件数
price	string	子订单金额
originalprice	string	子订单原价格
skuid	string	商品最小存货单位编码
updatetime	string	记录更新时间

根据两个数据表结构可以观察到，用户订单详细表中的订单 ID 字段“orderid”与用户订单表中的主键字段“orderid”相互关联，为了便于后续更加细粒度的计算，需要将这两个数据表进行关联，保留用户订单详细表的所有字段，并添加用户订单详细表中未包含的字段，如优惠券 ID、门店 ID、订单交易类型及订单状态。重新创建 hql 节点，并重命名为“concat”，打开该节点并输入如下代码：

```
--进入 DW 层数据仓库
USE bigdata_dw;
--创建数据表用于存储计算后的结果
CREATE TABLE IF NOT EXISTS bigdata_dw.dwd_concatorders AS
SELECT
--获取用户订单详细表的所有字段及用户订单表的优惠券 ID、门店 ID、订单交易类型及订单状态字段
  b.*,a.couponid,a.storeid,a.ordertype,a.orderstate
```

```
--对两张事实表进行表关联
FROM   x_class.jx22x41_p6_orders a
INNER JOIN
   x_class.jx22x41_p6_orderinfo b
ON a.orderid=b.orderid;
```

编写完代码后，保存并运行"concat"节点，观察运行结果，若日志无报错，则表示运行正常。为了检验关联的结果是否正常，切换到"observe_hive"节点，注释当前所有代码并输入如下代码对结果进行查询：

```
SELECT * FROM bigdata_dw.dwd_concatorders;
```

若返回的数据集存在 14 列数据，并且字段分别为"infoid"、"infodate"、"infotime"、"orderid"、"memberid"、"number"、"price"、"originalprice"、"skuid"和"updatetime"等，则表示数据表关联成功，关联结果如图 4-3 所示。

infoid ⇅	infodate ⇅	infotime ⇅	orderid ⇅	memberid ⇅	number ⇅	price ⇅	originalprice ⇅	skuid ⇅	updatetime ⇅
12556369	2021-01-0500:00	2021-01-0520:32:41	RE2001040010181	ym860474116	-1	-239	-399	CV932096GS-001-023-L	2021-01-0520:32:41
12613993	2021-01-0500:00	2021-01-0520:16:14	RE2001060013155	ym611911872	-1	-314	-369	CD7784-600-6-26	2021-01-0520:16:14

图4-3 查询数据表关联结果

步骤二：删除退货记录

根据关联后的数据集可以观察到，销售数量"number"字段及销售金额"price"字段存在负数，这是因为这些订单都是被退货的订单。在本任务中，需要统计每个用户成交的总金额及每件商品的总购买次数，因此对于被退货的订单不做任何统计处理，需要删除这些退货订单。

在关联后的数据表中，"ordertype"字段记录的是订单交易类型，根据之前的数据可以观察到数据字段值为 1 或 2，但是不能够很直观地了解 1 或 2 所表示的含义，因此为了能够删除订单中的退货订单，在进行数据处理之前，对相关的订单交易类型维度表进行数据观察。切换到"observe_hive"节点，注释当前所有代码并输入如下代码对结果进行查询：

```
SELECT * FROM x_class.jx22x41_p6_ordertype;
```

保存并运行"observe_hive"节点，如图 4-4 所示。

transactionid ⇅	transaction_category ⇅	updatetime ⇅
1	正常零售	2020-09-23 01:29:04.369281000
2	退货	2020-09-23 01:29:04.369281000

图4-4 观察订单交易类型维度表

根据返回结果可以观察到，订单交易类型数据表由 3 列字段组成。其中，当订单交易类型的值为 1 时，订单交易类型为正常零售；当订单交易类型的值为 2 时，订单交易类型为退货。接下来删除关联表中 "ordertype" 字段的值为 2 的记录。创建一个名为 "wash" 的 hql 节点，打开该节点并输入如下代码：

```
--进入 DW 层数据仓库
USE bigdata_dw;
--创建数据表用于存储计算后的结果
CREATE TABLE IF NOT EXISTS bigdata_dw.dwd_washorders AS
--仅保留正常零售的订单交易记录
SELECT * FROM bigdata_dw.dwd_concatorders where ordertype=1;
```

编写完代码后，保存并运行 "wash" 节点，观察运行结果，若日志无报错，则表示运行正常。为了检验清洗的结果是否正常，切换到 "observe_hive" 节点，注释当前所有代码并输入如下代码对结果进行查询：

```
SELECT * FROM bigdata_dw.dwd_washorders;
```

保存并运行 "observe_hive" 节点，若查询结果中 "number" 字段及 "price" 字段的值不是负数，"ordertype" 字段的值只为 1，则表示成功删除退货记录，运行结果如图 4-5 所示。

infoid ⇕	infodate ⇕	infotime ⇕	orderid ⇕	memberid ⇕	number ⇕	price ⇕	originalprice	skuid ⇕	updatetime
12778447	2021-01-0500: 00:00	2021-01-0520: 34:05	RE2001120015 352	ymX135703127 07	1	256.32	399	93311KP266-0 23-023-M	2021-01-0520: 34:05
12839772	2021-01-0500: 00:00	2021-01-0520: 43:42	RE2001140011 686	ym910666722	1	339	399	BQ5448-004-0 04-36.5	2021-01-0520: 43:42

图4-5　检查是否成功删除退货记录

步骤三：计算用户消费总额

根据任务描述，可以知道本步骤是计算一天内各个用户的消费总额，因此需要对数据集按照用户进行分组，并计算每组订单总额，创建 hql 节点，并重命名为 "totalprice"，打开该节点并输入如下代码：

```
--进入 DW 层数据仓库
USE bigdata_dw;
--创建数据表用于存储计算后的结果
CREATE TABLE IF NOT EXISTS bigdata_dw.dws_totalprice AS
SELECT
  --获取用户 ID 及计算用户消费总额
  memberid,SUM(price) as totalprice
FROM
  bigdata_dw.dwd_washorders
--按用户进行分组
GROUP BY
  memberid;
```

编写完代码后，保存并运行 "totalprice" 节点，观察运行结果，若日志无报错，则表示运行正常。为了检验数据计算的结果是否正常，切换到 "observe_hive" 节点，注释当前所有代码并输入如下代码对结果进行查询：

```
SELECT * FROM bigdata_dw.dws_totalprice;
```

保存并运行"observe_hive"节点，若查询结果返回两列数据，并且分别为"memeberid"字段及"totalprice"字段，则表示成功计算用户消费总额，运行结果如图 4-6 所示。

memberid ⇕	totalprice ⇕
ym001218	463
ym002385	3574

图4-6　查询用户消费总额

步骤四：计算商品购买次数

根据任务描述，可以知道本步骤是计算一天内每件商品的购买次数，因此需要对数据集按照商品进行分组，并计算每组总购买次数，创建 hql 节点，并重命名为"totalnum"，打开该节点并输入如下代码：

```
--进入 DW 层数据仓库
USE bigdata_dw;
--创建数据表用于存储计算后的结果
CREATE TABLE IF NOT EXISTS bigdata_dw.dws_totalnum AS
SELECT
  --获取商品 ID 及计算每件商品的购买次数
  skuid,SUM(number) as totalnumber
FROM
  bigdata_dw.dwd_washorders
--按商品进行分组
GROUP BY
  skuid;
```

编写完代码后，保存并运行"totalnum"节点，观察运行结果，若日志无报错，则表示运行正常。为了检验数据计算的结果是否正常，切换到"observe_hive"节点，注释当前所有代码并输入如下代码对结果进行查询：

```
SELECT * FROM bigdata_dw.dws_totalnum;
```

保存并运行"observe_hive"节点，若查询结果返回两列数据，并且分别为"skuid"字段及"totalnumber"字段，则表示成功计算一天内每件商品的购买次数，运行结果如图 4-7 所示。

skuid ⇕	totalnumber ⇕
314192-117-117-36	1
314192-117-117-36.5	5

图4-7　查询商品购买次数

步骤五：构建工作流

在"observe_hive"节点中，注释当前所有代码并输入如下代码清空操作记录：

```
--删除关联表
DROP TABLE  IF EXISTS bigdata_dw.dwd_concatorders;
--删除清洗后的数据表
DROP TABLE  IF EXISTS bigdata_dw.dwd_washorders;
--删除单日每个用户的订单总额
DROP TABLE  IF EXISTS bigdata_dw.dws_totalprice;
--删除单日每件商品的购买次数
DROP TABLE  IF EXISTS bigdata_dw.dws_totalnum;
```

执行完代码后，为了检验是否正确删除所指定的数据表，注释当前所有代码并输入如下代码对数据表进行查询：

```
USE bigdata_dw;
SHOW TABLES;
```

若返回结果中不包含刚才删除的数据表，则表示成功删除数据表，最后删除"observe_hive"节点。

创建用于查询最后结果的 hql 节点，并重命名为"select_all"，再输入如下查询代码：

```
USE bigdata_dw;
--查询关联表是否关联成功
SELECT * FROM bigdata_dw.dwd_concatorders;
--查询数据表是否清洗成功
SELECT * FROM bigdata_dw.dwd_washorders;
--查询是否成功计算单日每个用户的订单总额
SELECT * FROM bigdata_dw.dws_totalprice;
--查询是否成功计算单日每件商品的购买次数
SELECT * FROM bigdata_dw.dws_totalnum;
```

在工作流页面中，将鼠标指针悬浮在各节点上，使用连线将各节点进行连接，连接顺序如下。

（1）"concat"。

（2）"wash"。

（3）"totalprice"。

（4）"totalnum"。

（5）"select_all"。

保存节点内容，返回工作流页面，分别单击"保存"按钮和"执行"按钮。等待工作流执行完毕后，若全部节点运行正常，则表示所有代码均无误，运行结果如图 4-8 所示。

打开"select_all"节点，单击"执行"按钮，若执行后返回 4 个结果集，并且通过单击"结果集 1"下拉按钮可以切换结果集，各结果集均正常显示数据，"数据集 2"中的"number"字段及"price"字段的值不是负数，"ordertype"字段的值只为 1，则表示数据计算成功，运行结果如图 4-9～图 4-12 所示。

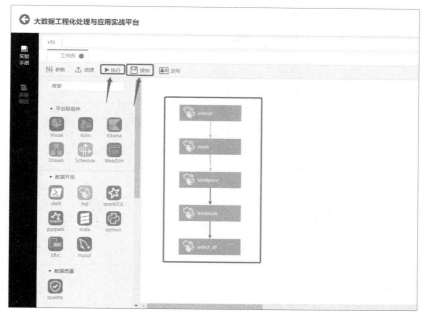

图4-8　工作流执行顺序

infoid ⇅	infodate ⇅	infotime ⇅	orderid ⇅	memberid ⇅	number ⇅	price ⇅	originalprice ⇅	skuid ⇅
12556369	2021-01-0500: 00:00	2021-01-0520: 32:41	RE2001040010 181	ym860474116	-1	-239	-399	CV932096GS-0 01-023-L
12613993	2021-01-0500: 00:00	2021-01-0520: 16:14	RE2001060013 155	ym611911872	-1	-314	-369	CD7784-600-6 00-26

图4-9　查询数据表是否关联成功

infoid ⇅	infodate ⇅	infotime ⇅	orderid ⇅	memberid ⇅	number ⇅	price ⇅	originalprice ⇅	skuid ⇅	updatetime
12778447	2021-01-0500: 00:00	2021-01-0520: 34:05	RE2001120015 352	ymX135703127 07	1	256.32	399	93311KP266-0 23-023-M	2021-01-0520: 34:05
12839772	2021-01-0500: 00:00	2021-01-0520: 43:42	RE2001140011 686	ym910666722	1	339	399	BQ5448-004-0 04-36.5	2021-01-0520: 43:42

图4-10　查询数据表是否清洗成功

memberid ⇅	totalprice ⇅
ym001218	463
ym002385	3574

图4-11　查询用户订单总额计算结果

skuid ⇅	totalnumber ⇅
314192-117-117-36	1
314192-117-117-36.5	5

图4-12　查询商品购买次数计算结果

最后，为了避免存储大量数据造成系统资源的浪费，需要删除刚才创建的数据表，创建一个名为"drop_all"的 hql 节点，再输入如下代码清空创建好的所有数据表：

```
USE bigdata_dw;
--删除关联表
DROP TABLE  IF EXISTS bigdata_dw.dwd_concatorders;
--删除清洗后的数据表
DROP TABLE  IF EXISTS bigdata_dw.dwd_washorders;
--删除单日每个用户的订单总额
DROP TABLE  IF EXISTS bigdata_dw.dws_totalprice;
--删除单日每件商品的购买次数
DROP TABLE  IF EXISTS bigdata_dw.dws_totalnum;
```

保存并运行"drop_all"节点。为了检验数据表是否被全部删除，注释当前所有的代码并输入如下代码查询当前 bigdata_dw 数据库是否还存在"dwd_concatorders"、"dwd_washorders"、"dws_totalprice"及"dws_totalnum"数据表。

```
USE bigdata_dw;
SHOW TABLES;
```

执行完成后，如果返回的数据列表中不存在"dwd_concatorders"、"dwd_washorders"、"dws_totalprice"及"dws_totalnum"数据表，则表示成功删除数据表。

【任务小结】

通过学习本任务，读者可以对电商数据进行数据观察，分析出商家提供的数据表的内容及其数据表结构，并根据这些信息，对数据表进行关联，生成适合分析的宽表结构。读者可以根据这个处理后的数据表，进行分组统计，为下一个任务做准备。

【任务拓展】

根据之前的实验步骤，试着计算单日每个店铺下单的总次数。

任务二　派生电商指标数据

【能力目标】

通过本任务的教学，读者理解相关知识之后，应达到以下能力目标。

- 根据关联计算的数据及数据特征，能编写脚本进行数据聚合结果分析并设计数据标签，创建各主题标签库。
- 能使用脚本的方式，创建业务相关标签库。
- 根据不同主题的标签，能编写脚本，对关联计算数据集中的数据，编写标签计算脚本并进行标签派生，获得含属性标签的数据集。
- 能使用脚本的方式，进行数据贴标。
- 根据主题数据表的业务需求，能使用脚本方式将相同主题指标、维度、属性均关联的数据集进行数据组织，获得符合业务主题的宽表。

【任务描述与要求】

任务描述：

某公司近期推出会员日活动，当天只要进行消费的会员，将会按照消费的金额，给予用户对应的会员等级。该公司经过统计之后，计算出每个用户单日销售总金额及每件商品的单日总销售量。现在该公司的业务人员制定出两套业务体系：第一套业务体系将会根据每个用户单日销售总金额划分出不同的会员等级，如微会员、普通会员、白金会员及黑金会员；第二套业务体系将会根据每件商品的单日总销售量，划分出不同的商品类别，如冷门商品、普通商品及热门商品。

现在公司希望通过派生的标签信息，查看对应的黑金会员的详细信息及热门商品信息，后续可以根据这些信息发现类似黑金会员的潜在用户及哪些类型的商品更受大家喜爱。

任务要求：

- 能够创建符合业务需求的数据表。
- 能够根据标签库，对数据表正确贴标。

【任务资讯】

给数据打标签（贴标签）就是归纳、提炼出一组附属于观测对象的属性值，标签的选取应该以研究对象为出发点，从不同角度刻画对象的特征。

若观测的对象是非生物，则可能标签值包括长、宽、高、质量、重量等物理属性。

若观测的对象是植物，则可能标签值包括名称、外形、温度偏好、湿度偏好、花瓣数量等植物自然属性。

若观测的对象是非人类的动物，则可能标签值包括学名、科属、性别、体长等动物自然属性。

若观测的对象是人类，则可能标签值包括姓名、性别、出生年月、身高、体重、血型、肤色等自然属性；也可能包括种族、教育程度、收入水平、常驻地、人脉资源等社会属性；同时还可能包括兴趣爱好、性格偏好、产品偏好、价值偏好等心理属性，如图 4-13 所示。

图4-13　用户画像词云

在实际应用场景中，标签主题通常可以分为个人信息、用户行为、用户消费、风险控制等主题。

【任务计划与决策】

1．数据贴标
根据标签库的规则，匹配符合标签库相应描述的数据，为数据打上正确的标签。

2．数据组织
为了方便对数据仓库进行管理，妥善管理派生后的数据，需要对标签库及数据贴标表进行数据组织，使之成为一个完整的宽表。

【任务实施】

根据任务计划与决策的内容，可以推导出如下所示的操作流程。

- 观察数据格式，根据业务需求对不同的数据打上相对应的标签并存储。
- 观察用户宽表结构，根据业务需求对用户信息表数据进行过滤及抽取，并存储清洗结果。
- 观察商品宽表结构，根据业务需求对商品表数据进行过滤及抽取，并存储清洗结果。

• 清空操作记录，使用连线按照实验流程进行连接，并查询最终执行情况。

具体实施步骤如下。

步骤一：数据贴标

需要观察及派生的数据都存储在"x_class"数据库中，为了观察数据的格式及监控每个派生步骤的效果，预先在工作流页面创建 hql 节点并重命名为"observe_hive"。

在进行数据贴标之前，先观察所需要进行贴标的数据表内容，打开"observe_hive"节点，输入如下代码进行观察。输入代码后，保存并运行"observe_hive"节点，根据返回结果可以查看"x_class.jx22x41_p6_totalprice"数据表的字段属性，如表 4-4 所示，运行结果如图 4-14 所示。

```
SELECT * FROM x_class.jx22x41_p6_totalprice;
```

表 4-4　用户消费金额表的字段属性

字 段 名 称	字 段 含 义
memberid	会员 ID
totalprice	消费额度

图4-14　查看用户消费金额表中的数据

在了解单日每个用户消费总额后，还需要了解对应的标签规则，在本任务描述中可以知道第一套业务体系将会根据每个用户单日销售总金额划分出不同的会员等级，如微会员、普通会员、白金会员及黑金会员，而如何划分会员等级并没有具体说明，因此需要创建 hql 节点并重命名为"observe_hive"，对"jx22x41_p6_dim_rank"会员等级分类表进行数据观察，打开"observe_hive"节点，输入如下代码查看数据表内容：

```
SELECT * FROM x_class.jx22x41_p6_dim_rank;
```

输入完成后，单击"保存"按钮和"执行"按钮，查看运行结果，若能正常返回数据内容，则表示代码运行正常，运行结果如图 4-15 所示。

rankid ⇕	lowamount ⇕	highamount ⇕	rankname ⇕
0	1	5000	微会员
1	5001	10000	普通会员
2	10001	20000	白金会员
3	20000	+99999	黑金会员

共 4 条   1   50 条/页 ∨

图4-15　查看用户等级分类表中的数据

用户等级分类表由 4 个数据字段组成，字段名称分别是"rankid"、"lowamount"、"highamount"及"rankname"，所表示的含义分别是"等级标签"、"该会员等级最少消费金额"、"该会员等级最多消费金额"及"等级名称"。从数据内容可以观察到，划分会员的规则是用户单日消费总额为 1～1000 元为微会员，1001～3000 元为普通会员，3001～7000 元为白金会员，7001 元以上的为黑金会员。

根据观察到的会员等级划分规则，接下来通过用户单日消费总金额表中的字段"totalprice"的值进行判断贴标。重新创建 hql 节点，并重命名为"ranktag"，打开该节点并输入如下代码：

```
USE bigdata_dw;
--用于存储贴标后的结果
CREATE TABLE IF NOT EXISTS bigdata_dw.dws_ranktag AS
SELECT *,
  --若该用户的消费总金额为 1～1000 元，则打上微会员的标签 0
  IF(totalprice>=1 AND totalprice<1001,0,
  --若该用户的消费总金额为 1001～3000 元，则打上普通会员的标签 1
  IF(totalprice>=1001 AND totalprice<3000,1,
  --若该用户的消费总金额为 3001～7000 元，则打上白金会员的标签 2；若该用户的消费总金额为
7000 元以上，则打上黑金会员的标签 3
  IF(totalprice>=3000 AND totalprice<7000,2,3))) AS ranktag
FROM x_class.jx22x41_p6_totalprice;
```

保存并运行"ranktag"节点，若运行成功该节点则表示代码无异常。为了检验是否正确打上标签，切换到"observe_hive"节点，注释当前所有代码并输入如下代码查看：

```
--查询贴标后的结果
SELECT * FROM bigdata_dw.dws_ranktag;
```

若数据表中的字段内容增加了一列"ranktag"，并且该字段的值为 0～3，则表示数据贴标成功，运行结果如图 4-16 所示。

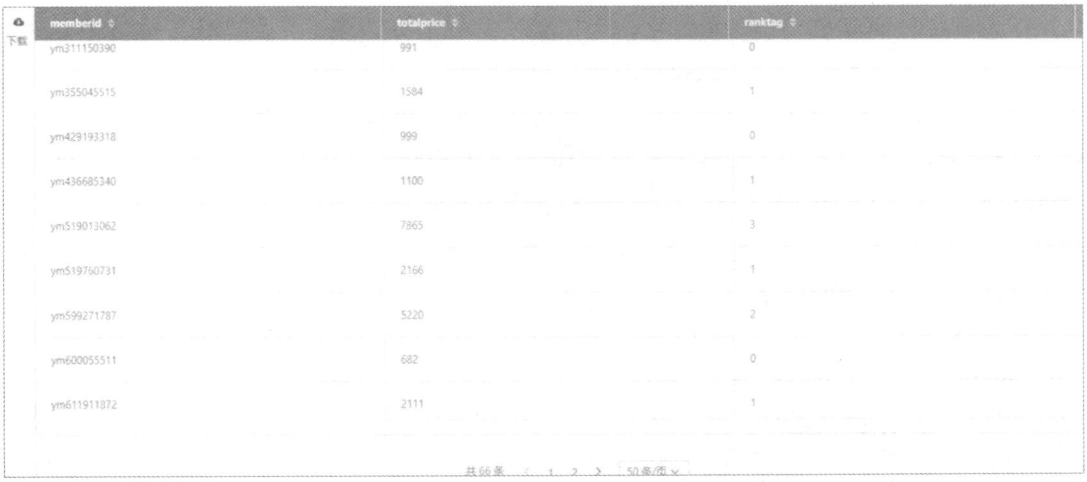

memberid ⇕	totalprice ⇕	ranktag ⇕
ym311150390	991	0
ym355045515	1584	1
ym429193318	999	0
ym436685340	1100	1
ym519013062	7865	3
ym519760731	2166	1
ym599271787	5220	2
ym600055511	682	0
ym611911872	2111	1

共 66 条　〈　1　2　〉　50 条/页 ∨

图4-16　查看数据贴标是否成功

第二套业务体系主要针对每件商品的销售量进行贴标，因此在进行数据贴标之前，需要观察对应的"x_class.jx22x41_p6_totalnum"数据表内容，切换到"observe_hive"节点，输入如下代码：

```
SELECT * FROM x_class.jx22x41_p6_totalnum;
```

保存并运行"observe_hive"节点，根据返回结果可以查看"x_class.jx22x41_p6_totalnum"数据表的字段属性，如表 4-5 所示，运行结果如图 4-17 所示。

表4-5　商品单日销售表的字段属性

字 段 名 称	字 段 含 义
skuid	SKUID
totalnumber	每件商品单日总销售量

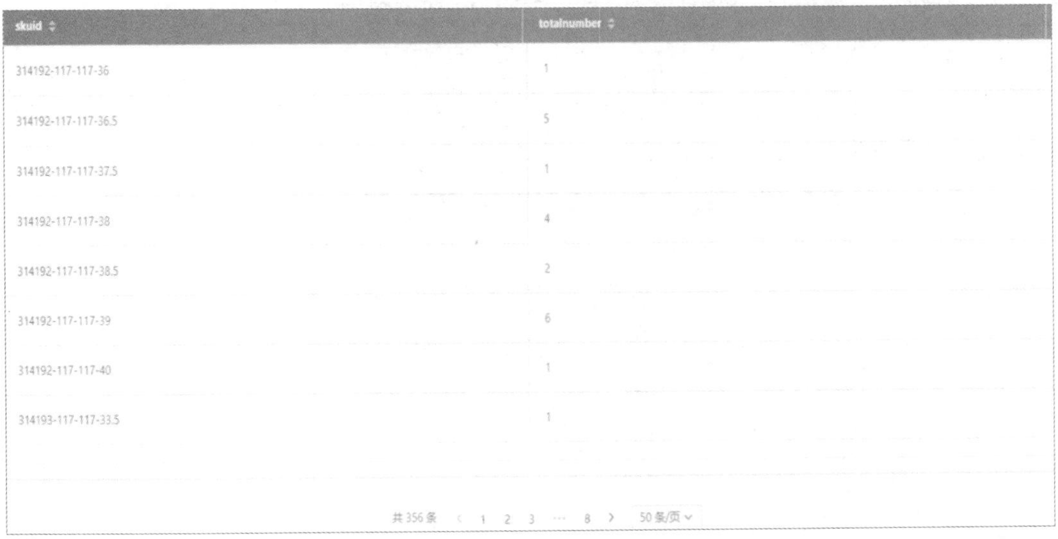

skuid ⇕	totalnumber ⇕
314192-117-117-36	1
314192-117-117-36.5	5
314192-117-117-37.5	1
314192-117-117-38	4
314192-117-117-38.5	2
314192-117-117-39	6
314192-117-117-40	1
314193-117-117-33.5	1

共 356 条　〈　1　2　3　…　8　〉　50 条/页 ∨

图4-17　查看商品单日销售表中的数据

在了解每件商品单日销售量之后，还需要了解一下标签规则。在本任务描述中，我们可以知道第二套标签会根据每件商品的单日总销售量，划分出不同的商品类别，如冷门商品、普通商品及热门商品。如何划分商品类别并没有具体说明，因此需要创建 hql 节点，对商品热门分类表"jx22x41_p6_dim_hot"进行数据观察，切换到"observe_hive"节点，注释当前所有代码并输入如下代码查看数据表内容：

```
SELECT * FROM x_class.jx22x41_p6_dim_hot;
```

保存并运行"observe_hive"节点，观察运行结果，若能正常返回数据内容，则表示代码运行正常。商品热门分类表由 4 个数据字段组成，字段名称分别是"hotid"、"lownum"、"highanum"及"hotname"，所表示的含义分别是"商品销量类别标签"、"该类别中最低消费数量"、"该类别中最高消费数量"及"商品热门类别名称"。从数据内容可以观察到，商品热门程度划分的规则是商品单日销售量为 0 件的商品为冷门商品，销售量为 1～4 件的商品为普通商品，销售量为 5 件及以上的商品为热门商品。根据观察到的商品热门程度划分规则，接下来通过商品单日销量表中的"totalnumber"字段的值进行判断贴标。

重新创建 hql 节点，并重命名为"hottag"，打开该节点并输入如下代码：

```
--用于存储贴标后的结果
CREATE TABLE IF NOT EXISTS bigdata_dw.dws_hottag AS
SELECT *,
  --若商品单日销售量为 0 件，则打上冷门商品的标签 0
  IF(totalnumber=0,0,
  --若商品单日销售量为 1～4 件，则打上普通商品的标签 1；若商品单日销售量为 5 件及以上，则打
上热门商品的标签 2
  IF(totalnumber>0 AND totalnumber<5,1,2))  AS hottag
FROM x_class.jx22x41_p6_totalnum;
```

输入代码后，保存并运行"hottag"节点，若运行成功则表示代码无异常。为了检验是否正确打上标签，切换到"observe_hive"节点，注释当前所有代码并输入如下代码查看：

```
--查询贴标后的结果
SELECT * FROM bigdata_dw.dws_hottag;
```

若数据表中的字段内容增加了一列"hottag"，并且该字段的值为 0～2，则表示数据贴标成功，运行结果如图 4-18 所示。

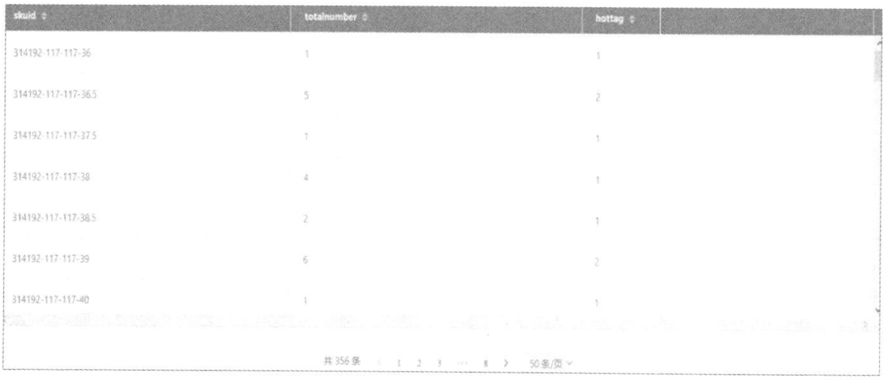

skuid	totalnumber	hottag	
314192-117-117-36	1	1	
314192-117-117-36.5	5	2	
314192-117-117-37.5			
314192-117-117-38	4	1	
314192-117-117-38.5	2	1	
314192-117-117-39	6	2	
314192-117-117-40	1	1	

共 356 条　1　2　3　…　8　50条/页 ∨

图4-18　查看数据贴标结果

步骤二：用户宽表组织

根据本任务描述，可以知道第一个业务需求是查找出黑金会员的具体信息，会员的具体数据信息都存储在"x_class.jx22x41_p6_userinfo"数据表中，因此切换到"observe_hive"节点，注释当前所有代码并输入如下代码查看，运行结果如图 4-19 所示。

```
USE x_class;
SHOW CREATE TABLE x_class.jx22x41_p6_userinfo;
```

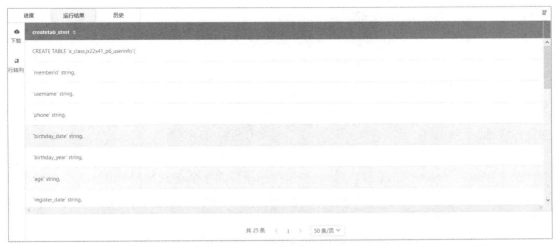

图4-19　查看用户信息表结构

保存并运行"observe_hive"节点，若运行成功则表示代码无异常，运行成功后将会返回数据表的建表语句，根据建表语句可以了解数据表的字段名称、属性及其含义，如表 4-6 所示。

表4-6　用户信息表的字段名称、属性及其含义

字 段 名 称	字 段 属 性	字 段 含 义
memberid	string	会员卡号
username	string	用户名
phone	string	手机号码
birthday_date	string	出生日期
birthday_year	string	出生年份
age	string	年龄
register_date	string	注册日期
integral	string	用户可用积分
updatetime	string	信息更新时间

根据以上的运行结果可以观察到，用户信息表中的"memberid"字段与刚才打上用户会员等级的标签表"bigdata_dw.dws_ranktag"中的"memberid"字段相互关联，根据标签表"bigdata_dw.dws_ranktag"中的"ranktag"字段过滤非黑金会员信息。

重新创建 hql 节点，并重命名为"blackgold"，打开该节点并输入如下代码：

```
USE bigdata_dw;
```

```
--存储数据组织后的结果
CREATE TABLE IF NOT EXISTS bigdata_dw.dws_blackgold AS
SELECT
  --获取用户信息表中的所有数据及该用户在会员日的总体消费金额
  a.*,b.totalprice
FROM
  --将用户信息表连接会员标签数据
  x_class.jx22x41_p6_userinfo a INNER JOIN bigdata_dw.dws_ranktag b
ON
  --将两个数据表中的"memberid"字段进行关联
  a.memberid=b.memberid
--保留黑金会员的数据
WHERE b.ranktag=3;
```

保存并运行"blackgold"节点，若运行成功则表示代码无异常。为了检验用户信息表组织结果是否正常，切换到"observe_hive"节点，注释当前所有代码并输入如下代码对结果进行查询：

```
SELECT * FROM bigdata_dw.dws_blackgold;
```

保存并运行"observe_hive"节点，若运行结果返回 3 条记录数据，并且 3 个会员卡号分别为"ym910666722"、"ymX15880293379"及"ym519013062"，则表示用户宽表组织成功，运行结果如图 4-20 所示。

memberid	username	phone	birthday_date	birthday_year	age	register_date	integral	updatetime	totalprice
ym910666722	赵**	159****6722	1982/1/3 00:00	1982	38	2018/11/9 00:00	1141	2020/12/27 15:40	9397
ymX158802933 79	陈**	158****3379	1992/5/24 00:00	1992	28	2019/11/10 00:0 0	115110	2020/12/22 17:27	10180
ym519013062	张**	185****3062	1987/10/10 00:0 0	1987	33	2018/3/6 00:00	6428	2020/12/25 10:45	7865

图 4-20 查看用户宽表组织是否成功

步骤三：商品宽表组织

根据本任务描述，可以知道第二个业务需求是查找出商品的具体信息，与商品信息相关的数据信息存储在"x_class.jx22x41_p6_sku"和"x_class.jx22x41_p6_goods"数据表中，因此切换到"observe_hive"节点，注释当前所有代码并输入如下代码查看：

```
--查看数据表结构
SHOW CREATE TABLE x_class.jx22x41_p6_sku;
SHOW CREATE TABLE x_class.jx22x41_p6_goods;
```

保存并运行"observe_hive"节点，若运行成功则表示代码无异常，运行成功后将会返回两个结果集，可以通过单击"结果集 1"下拉按钮切换查看，其中，"结果集 1"输出结果中的"x_class.jx22x41_p6_sku"是数据表（也被称为商品 SKU 表）的建表语句，如图 4-21 所示，根据运行结果得出该数据表的字段名称、属性及其含义，如表 4-7 所示。

```
createtab_stmt ⇕

CREATE TABLE `x_class.jx22x41_p6_sku`(

`skuid` string,

`code` string,

`colorcode` string,

`sizecode` string,

`updatetime` string)

ROW FORMAT DELIMITED

FIELDS TERMINATED BY '\t'
```

结果集 3　　　　　　　　　　　　　　　　　　　　共 21 条　〈　1　〉　50 条/页 ∨

图4-21　查看商品 SKU 表建表语句

表 4-7　商品 SKU 表的字段名称、属性及其含义

字 段 名 称	字 段 属 性	字 段 含 义
skuid	string	商品最小存货单位编码
code	string	商品 ID
colorcode	string	商品颜色
sizecode	string	商品尺寸
updatetime	string	更新时间

　　"结果集 2"输出结果中的"x_class.jx22x41_p6_goods"是数据表（也称为商品表）的
建表语句，如图 4-22 所示，根据运行结果得出该数据表的字段名称、属性及其含义，如
表 4-8 所示。

```
createtab_stmt ⇕

CREATE TABLE `x_class.jx22x41_p6_goods`(

`goodsid` string,

`goodsname` string,

`online_time` string,

`tag` string,

`applysex` string,

`applyage` string,

`onecategory` string,
```

结果集2　　　　　　　　　　　∨　　　　　　　　　　共 31 条　〈　1　〉　50 条/页 ∨

图4-22　查询商品表建表语句

表4-8　商品表的字段名称、属性及其含义

字 段 名 称	字 段 属 性	字 段 含 义
goodsid	string	商品 ID
goodsname	string	商品名称
online_time	string	商品上线时间
tag	string	商品标签
applysex	string	商品适用性别
applyage	string	商品适用年龄
onecategory	string	商品大类
twocategory	string	商品中类
treecategory	string	商品小类
style	string	商品款式
applyseason	string	商品适用季节
applyyear	string	商品适用年份
createtime	string	创建时间
updatetime	string	更新时间
storagetime	string	入库时间

　　根据以上运行结果可以观察到，商品 SKU 表中的"code"字段和商品表中的"goodsid"字段相互关联，商品 SKU 表中的"skuid"字段和刚才打上商品热门类别的标签表"bigdata_dw.dws_hottag"中的"skuid"字段相互关联，根据标签表"bigdata_dw.dws_hottag"中的字段"hottag"过滤非热门商品的商品信息。

　　重新创建 hql 节点，并重命名为"hotgoods"，打开该节点并输入如下代码：

```
USE bigdata_dw;
--存储数据组织后的结果
CREATE TABLE IF NOT EXISTS bigdata_dw.dws_hotgoods AS
--获取关联后的所有字段数据及标签表"bigdata_dw.dws_hottag"中的单日购买总量
SELECT c.*,d.totalnumber FROM
--获取商品表中的所有数据及商品SKU表中商品最小存货单位编码、商品颜色及商品尺寸的数据
(SELECT a.*,b.skuid,b.colorcode,b.sizecode
FROM
  --将商品SKU表中的"code"字段和商品表中的"goodsid"字段进行关联（内连接）
  x_class.jx22x41_p6_goods a INNER JOIN x_class.jx22x41_p6_sku b ON
a.goodsid=b.code) c
--将商品SKU表中的"skuid"字段和刚才打上商品热门类别的标签表中的"skuid"字段进行关联
（内连接）
INNER JOIN bigdata_dw.dws_hottag d ON c.skuid=d.skuid
--仅保留热门商品
WHERE d.hottag=2;
```

　　保存并运行"hotgoods"节点，若运行成功则表示代码无异常。为了检验用户信息表组织结果是否正常，切换到"observe_hive"节点，注释当前所有代码并输入如下代码对结果进行查询：

```
SELECT * FROM bigdata_dw.dws_hotgoods;
```

保存并运行"observe_hive"节点，若运行结果返回两条记录数据，并且这两件商品名称分别是"FORCE 1 BP"及"AIR FORCE 1 MID BG"，则表示商品宽表组织成功，运行结果如图 4-23 所示。

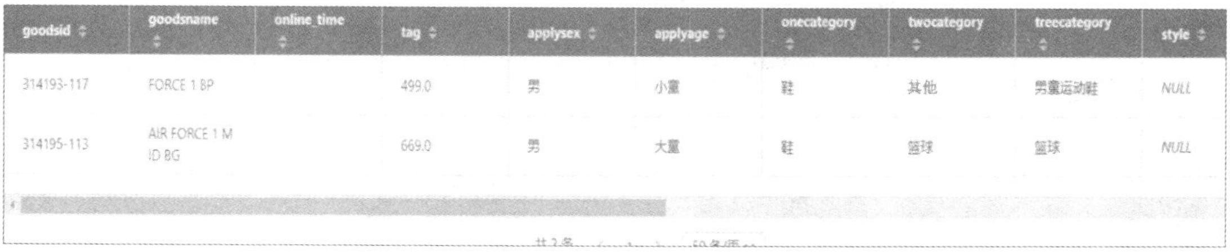

goodsid ⇅	goodsname ⇅	online_time ⇅	tag ⇅	applysex ⇅	applyage ⇅	onecategory	twocategory	treecategory	style ⇅
314193-117	FORCE 1 BP		499.0	男	小童	鞋	其他	男童运动鞋	NULL
314195-113	AIR FORCE 1 MID BG		669.0	男	大童	鞋	篮球	篮球	NULL

图4-23　查看商品宽表组织是否成功

步骤四：构建工作流

在"observe_hive"节点中，注释当前所有代码并输入如下代码清空操作记录：

```
--删除会员等级标签表
DROP TABLE  IF EXISTS bigdata_dw.dws_ranktag;
--删除热门商品标签表
DROP TABLE  IF EXISTS bigdata_dw.dws_hottag;
--删除黑金会员信息表
DROP TABLE  IF EXISTS bigdata_dw.dws_blackgold;
--删除热门商品信息表
DROP TABLE  IF EXISTS bigdata_dw.dws_hotgoods;
```

执行完代码后，为了检验是否正确删除所指定的数据表，注释当前所有代码并输入如下代码对数据表进行查询：

```
USE bigdata_dw;
SHOW TABLES;
```

保存并运行"observe_hive"节点，若返回结果中不包含刚才删除的数据表，则表示成功删除数据表，最后删除"observe_hive"节点。

创建用于查询最后结果的 hql 节点，并重命名为"select_all"，再输入如下代码：

```
--查询会员等级标签表是否创建成功
SELECT * FROM bigdata_dw.dws_ranktag;
--查询热门商品标签表是否创建成功
SELECT * FROM bigdata_dw.dws_hottag;
--查询黑金会员信息表是否创建成功
SELECT * FROM bigdata_dw.dws_blackgold;
--查询热门商品信息表是否创建成功
SELECT * FROM bigdata_dw.dws_hotgoods;
```

在工作流页面中，将鼠标指针悬浮在各节点上，使用连线将各节点进行连接，连接顺序如下。

（1）"ranktag"。

（2）"hottag"。

（3）"blackgold"。

（4）"hotgoods"。

（5）"select_all"。

保存节点内容，返回工作流页面，分别单击"保存"按钮和"执行"按钮。等待工作流执行完毕，若全部节点运行正常，则表示所有代码均无误，运行结果如图 4-24 所示。

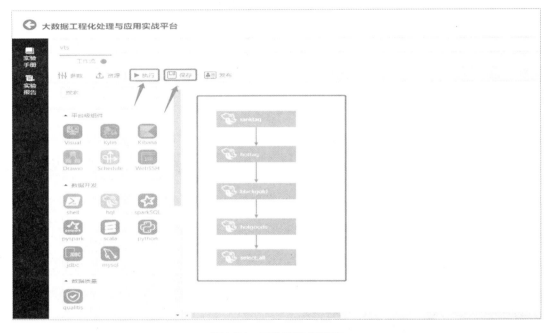

图4-24 工作流执行顺序

打开并运行"select_all"节点，若返回 4 个结果集，"结果集 3"显示 3 条记录数据，3 个会员卡号分别为"ym910666722"、"ymX15880293379"及"ym519013062"，"结果集 4"显示两条记录数据，这两件商品名称分别是"FORCE 1 BP"及"AIR FORCE 1 MID BG"，则表示数据计算成功，运行结果如图 4-25～图 4-28 所示。

memberid	totalprice	ranktag
ym001218	463	0
ym002385	3574	2
ym002562	3669	2
ym007209	2820	2
ym008343	517	0
ym009974	2418	1

结果集1   共 66 条   1 2 >   50条/页

图4-25 查看会员等级标签表

skuid ⇕	totalnumber ⇕	hottag ⇕
314192-117-117-36	1	1
314192-117-117-36.5	5	2
314192-117-117-37.5	1	1
314192-117-117-38	4	1
314192-117-117-38.5	2	1
314192-117-117-39	6	2

共 356 条　< 1 2 3 … 8 > 50 条/页 ∨

图4-26　查看热门商品标签表

memberid ⇕	username ⇕	phone ⇕	birthday_date ⇕	birthday_year ⇕	age ⇕	register_date ⇕	integral ⇕	updatetime ⇕	totalprice ⇕
ym910666722	赵**	159****6722	1982/1/300:00	1982	38	2018/11/90:00	1141	2020/12/2715:40	9397
ymX15880293379	陈**	158****3379	1992/5/240:00	1992	28	2019/11/100:00	115110	2020/12/2217:27	10180
ym519013062	张**	185****3062	1987/10/100:00	1987	33	2018/3/60:00	6430	2020/12/2510:45	7865

共 3 条　< 1 > 50 条/页 ∨

图4-27　查看黑金会员信息表

goodsid ⇕	goodsname ⇕	online_time ⇕	tag ⇕	applysex ⇕	applyage ⇕	onecategory ⇕	twocategory ⇕	treecategory ⇕	style ⇕
314193-117	FORCE 1 BP		499.0	男	小童	鞋	其他	男童运动鞋	NULL
314195-113	AIR FORCE 1 MID BG		669.0	男	大童	鞋	篮球	篮球	NULL

共 2 条　< 1 > 50 条/页 ∨

图4-28　查看热门商品信息表

最后，为了避免存储大量数据造成系统资源的浪费，需要将刚才创建的数据表删除，创建一个名为"drop_all"的 hql 节点，再输入如下代码清空创建好的所有数据表：

```
--删除会员等级标签表
DROP TABLE  IF EXISTS bigdata_dw.dws_ranktag;
--删除热门商品标签表
DROP TABLE  IF EXISTS bigdata_dw.dws_hottag;
--删除黑金会员信息表
DROP TABLE  IF EXISTS bigdata_dw.dws_blackgold;
--删除热门商品信息表
DROP TABLE  IF EXISTS bigdata_dw.dws_hotgoods;
```

保存并运行"drop_all"节点，运行完成后，为了检验数据表是否被全部删除，注释当前所有的代码并输入如下代码查询当前 bigdata_dw 数据库是否还存在"dws_ranktag"、"dws_hottag"、"dws_blackgold"及"dws_hotgoods"数据表。

```
USE bigdata_dw;
SHOW TABLES;
```

运行完成后，如果返回的数据列表中不存在"dws_ranktag"、"dws_hottag"、"dws_blackgold"及"dws_hotgoods"数据表，则表示成功删除数据表。

【任务小结】

通过学习本任务，读者可以通过查询标签库信息，然后结合上一个任务生成的数据表，进行数据贴标。最终使用 Hive 将数据表与标签库进行数据组织，输出指定的用户或商品的详细信息。

【任务拓展】

设计一张 Hive 表，其中包括商品名称、商品 ID、商品上线时间等字段。在 Hive 表中查询商品上线时间晚于 2018 年 11 月的数据。

项目五
基于 Hive 的共享单车数据处理

【引导案例】

随着智能手机的普及和手机用户数量的激增，共享单车作为城市交通系统的一个重要组成部分，以绿色环保、便捷高效、经济环保为特征蓬勃发展。作为城市共享交通系统的一个重要组成部分，自行车共享行业在 2016 年用户总数约为 2030 万人，全国运营市场资金约为 11.5 亿元。然而随着市场竞争的白热化，共享单车越来越难以维持往日的辉煌。如果能运用好共享单车运营时产生的数据，就可以为各大共享单车企业带来新的机遇。

共享单车数据通常包含地理信息、用户信息、订单信息等数据。为了提高共享单车的利用率、降低运维成本、争取存量用户，越来越多的企业通过这些数据探索"最后一公里出行"解决方案。除此之外，虽然共享单车为人们带来了便捷的出行方式，但也必须面对城市治理上的难题。因此在运营过程中还需要考虑精细化调度、人工干预，以保持市容市貌的整洁。某共享单车公司中标了某市的便民出行合作项目，该公司在当地运营了多年的有桩单车业务，计划引入大数据技术，协同监管部门推进当地共享单车业务的精细化管理运营。

那么，怎样通过数据处理发掘共享单车背后的价值信息呢？怎样的数据处理能帮助共享单车企业实现精细化调度呢？

任务一 清洗共享单车数据

【能力目标】

通过本任务的教学，读者理解相关知识之后，应达到以下能力目标。

- 根据可用数据集，能编写删除离线数据中无关字段的脚本，获得有效数据集。
- 根据标准化数据集及可用性规则，能编写替换、标记或删除离线数据集中不符合数据质量要求数据的脚本，获得可用数据集。
- 根据无干扰数据集及标准化规则，能编写统一处理离线数据集中不符合标准单位要求或给定结果集字段的脚本，获得标准化数据集。
- 根据完整数据集及去重规则，能编写标记、删除离线数据集中重复字段的脚本，获得无干扰数据集。

【任务描述与要求】

任务描述：

采集部门已从业务数据库中采集了共享单车数据，该数据记录了本市在 2013 年—2016 年近 50 万条订单信息。为了方便后续对数据的计算和派生，现需要对数据根据不同的数据处理业务需求进行清洗操作，并从中获取以下数据表。

- 站点维度表。
- 会员维度表。
- 订单事实表。

任务要求：

- 针对不同的业务需求清洗数据，并将清洗结果保存到 DWD 层。
- 对数据清洗的结果进行验证，检查是否满足数据处理的业务需求。

【任务资讯】

1. 共享单车的业务逻辑

现如今，共享单车是人们常用的出行工具，如图 5-1 所示。共享单车数据通常分为 3 类，即用户身份信息、后台生成的订单信息、由车载物联网芯片采集并传输至数据中心的定位数据。

图5-1　共享单车

在共享单车的业务场景中，由于共享单车的使用率极高，烦琐的操作容易流失用户。因此共享单车用户身份信息分为两类：一类是无须注册的临时用户，扫码即用，产生的临时数据将在一段时间后重置，但无法享受任何优惠；另一类是注册用户（会员），这类用户需要提交注册信息，可以购买月卡、年卡，参与各类优惠活动。

共享单车分为两种运营模式：一种是停放点不固定的无桩运营模式；另一种是只能停放在固定位置的有桩运营模式。前者使用方便，不过运营维护成本较高，车辆养护人员可能难以找到随处停放的共享单车；而后者虽然停靠地点受限，用户体验较差，但车辆养护人员只需到车辆停放站点，即可实现车辆停靠桩的维护。由于该公司采用的是有桩运营模式，这就意味着用户骑行的起始地点和到达地点是固定的。由于定位误差或识别错误等，车载芯片采集到的位置信息可能存在一定的误差，数据中心将这些定位数据汇总后标注出这些异常数据。

2. 基于 Hive 实现日期处理的函数

原始数据都是自动记录时间的。由于记录规则不统一，可能会出现各种各样的时间格式，通常分为以下两种时间格式。

（1）小时制。

众所周知，小时制分为两种：12 小时制和 24 小时制。其中，24 小时制是目前国际通用的标准，12 小时制则是大部分欧美国家的传统时间制度。对计算机等电子设备而言，12 小时制虽然贴近生活但可能导致编程复杂性增加，因此在数据清洗阶段，通常会将时间数据统一为 24 小时制以便后续的计算处理。在 Java 中，24 小时制和 12 小时制分别用 HH 和 hh 表示。

（2）日期格式。

由于记录规则不统一，可能会产生五花八门的日期格式，为了方便后续的计算处理，因此需要统一为一个标准的日期格式。在 Hive 中，标准日期格式为"yyyy-MM-dd"，在处理时需要使用 UNIX_TIMESTAMP()函数，指定日期格式转换为 UNIX 时间戳，其语法格式如下：

```
UNIX_TIMESTAMP(string date, string pattern)
```

通过 UNIX_TIMESTAMP()函数，可以将 pattern 格式的日期转换为 UNIX 时间戳。如果转化失败，则返回值为 0。实例如下：

```
hive>SELECT UNIX_TIMESTAMP('20201001','yyyyMMdd') FROM newland;
结果：1601481600
```

接下来，将 UNIX 时间戳再次转换为日期字段，需要使用 FROM_UNIXTIME()函数，其语法格式如下：

```
FROM_UNIXTIME(bigint unixtime[, string format])
```

FROM_UNIXTIME()函数可以将数据中的时间转换为当前时区的时间，并且可以指定日期格式。如果不指定日期格式，则默认是"yyyy-MM-dd"，实例如下：

```
hive>SELECT FROM_UNIXTIME(1455616811)FROM newland;
结果：2016-02-16
```

经过处理之后，数据就被转换为 Hive 的标准格式。Hive 对时间格式的数据没有严格要求，无论是 Date 型还是 String 型均可识别。为了统一规范，通常还是会转换为 Date 型。表 5-1 所示为基于 Hive 实现日期处理的函数。

表 5-1　基于 Hive 实现日期处理的函数

输 入 格 式	函　　　　数
dd-MM-yyyy	TO_DATE(FROM_UNIXTIME(UNIX_TIMESTAMP(dt,'dd-MM-yyyy')))
yyyy:MM:dd	TO_DATE(FROM_UNIXTIME(UNIX_TIMESTAMP(dt,'yyyy:MM:dd')))

【任 务 计 划 与 决 策】

1．观察数据

在进行数据清洗之前，需要结合要清洗数据的数据字典，对数据进行观察，了解数据的特征。由于订单记录会涉及时间相关字段，因此时间是非常重要的计算维度。但是 Hive 只支持 24 小时制，且只能对"yyyy-MM-dd"格式的时间数据进行运算，因此在观察数据阶段要确认时间字段是否符合 Hive 的处理要求，如果不符合就需要进行相应的调整。

2．清洗数据

通过【任务资讯】可以知道，共享单车数据可能存在定位异常数据，而且临时用户数据缺乏用户信息。如果异常或无关数据的数量不大，对最终的分析结果没有太大影响，这种情况可以将其直接删除，但数据的价值密度也会随之降低。例如，虽然临时用户无法作为用户画像，但是其产生的订单数据却有助于用户的骑行行为分析。为了保持数据的价值密度，可以参考维度建模理论，根据不同的业务主题，将原始数据拆分成若干个事实表和维度表，在不同主题的维度表中执行相应的清洗操作，从而不对事实表或其他维度表造成干扰。

【任务实施】

根据任务计划与决策的内容，可以推导出如下所示的操作流程。

- 监控每个清洗步骤的效果，对目标数据表进行观察，并分析目标数据表的字段及属性。
- 根据业务逻辑获取站点维度表相关字段，对异常数据进行清洗操作。
- 根据业务逻辑获取会员维度表相关字段，对异常数据进行清洗操作。
- 根据业务逻辑获取订单事实表相关字段，对异常数据进行清洗操作。
- 清空操作记录，使用连线按照任务操作流程进行连接，并查询最终执行情况。

具体实施步骤如下。

步骤一：观察数据

将需要采集的数据存储在数据仓库 Hive 中，为了观察数据的格式及监控每个清洗步骤的效果，预先在工作流页面创建 hql 节点，并重命名为"observe_hive"。

打开"observe_hive"节点，再输入如下代码查询"x_class"数据库中的"jx22x41_p7_origin"数据表结构，运行结果如图 5-2 所示。

```
USE x_class;
DESC jx22x41_p7_origin;
```

col_name ⇕	data_type ⇕	comment ⇕
trip_id	int	
start_time	string	
stop_time	string	
bike_id	string	
trip_duration	int	
from_station_id	string	
from_station_name	string	
to_station_id	string	
to_station_name	string	
user_id	int	

共 22 条   ‹   1   ›   50 条/页 ﹀

图5-2 查询"jx22x41_p7_origin"数据表结构

若能返回 22 个字段属性，则表示查询正确。"jx22x41_p7_origin"数据表的字段名称及其含义如表 5-2 所示。

表 5-2 "jx22x41_p7_origin"数据表的字段名称及其含义

字 段 名 称	含 义
trip_id	行程 ID
start_time	行程开始时间
stop_time	行程结束时间
bike_id	共享单车编号
trip_duration	行程时间
from_station_id	出发站点 ID
from_station_name	出发站点名称
to_station_id	到达站点 ID
to_station_name	到达站点名称
user_id	用户 ID
type_id	用户类型编号
user_type	用户类型
gender	性别
birth_year	出生年份
from_latitude	出发站点纬度
from_longitude	出发站点经度
to_latitude	到达站点纬度
to_longitude	到达站点经度
from_stn_flag	出发站点名称检验字段
from_lc_flag	出发站点经纬度检验字段
to_stn_flag	到达站点名称检验字段
to_lc_flag	到达站点经纬度检验字段

根据任务要求，需要将数据表拆分出站点维度表、会员维度表及订单事实表。

涉及站点维度的信息有出发站点 ID、出发站点名称、到达站点 ID、到达站点名称、出发站点纬度、出发站点经度、到达站点纬度、到达站点经度及各个检验字段等。

涉及会员维度的信息有用户 ID、用户类型编号、用户类型、性别、出生年份等字段。

涉及订单信息有行程 ID、行程开始时间、行程结束时间、共享单车编号、行程时间、出发站点 ID、到达站点 ID 及用户 ID 等字段。

注释当前所有代码并查询"jx22x41_p7_origin"数据表中的内容，输入如下代码并运行，运行结果如图 5-3 所示。

```
SELECT * FROM jx22x41_p7_origin;
```

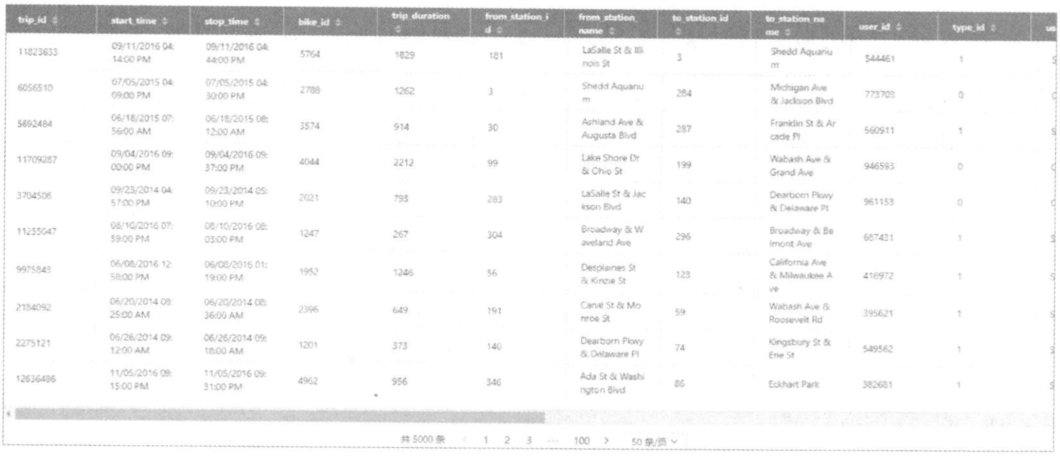

图5-3 查询 "jx22x41_p7_origin" 数据表中的内容

可以观察到 "jx22x41_p7_origin" 数据表中一些数据的情况。部分字段的内容是一一对应的，如用户类型编号为 1 的用户为注册用户，对应的用户类型为 "Subscriber"，而用户类型编号为 0 的用户为临时用户，对应的用户类型为 "Customer"；时间类型的字段格式是 "MM/dd/yyyy hh:mm:ss"；出发/到达站点 ID 对应出发/到达站点名称等信息。

步骤二：拆分清洗站点维度表

在数据观察阶段可以观察到，涉及站点维度表的字段分别为 "from_station_id"、"from_station_name"、"to_station_id"、"to_station_name"、"from_latitude"、"from_longitude"、"to_latitude"、"to_longitude"、"from_stn_flag"、"from_lc_flag"、"to_stn_flag" 和 "to_lc_flag" 字段，创建 hql 节点，并重命名为 "extract_stationinfo"，打开该节点，输入如下代码获取站点纬度表相关字段，保存并运行 "extract_stationinfo" 节点：

```
--进入数据仓库的 ODS 层
USE bigdata_dw;
--获取站点纬度表相关字段，并存储到数据表中
CREATE TABLE IF NOT EXISTS bigdata_dw.extract_stationinfo AS
SELECT
    from_station_id,from_station_name,to_station_id,to_station_name,
    from_latitude,from_longitude,to_latitude,to_longitude,
    from_stn_flag,from_lc_flag,to_stn_flag,to_lc_flag
FROM
    x_class.jx22x41_p7_origin;
```

为了检验数据是否被成功获取，切换到 "observe_hive" 节点，注释当前所有代码并输入如下代码查询：

```
--查询数据表内容
SELECT * FROM bigdata_dw.extract_stationinfo;
--查询数据表中的数据总条数
SELECT COUNT(1) FROM bigdata_dw.extract_stationinfo;
```

输入代码后保存并运行，运行结果将返回两个结果集，其中，"结果 1" 表示数据表中的内容，"结果集 2" 表示数据总条数。若 "结果集 1" 有返回数据，"结果集 2" 返回的数

据总条数为 499990，则表示成功获取数据，运行结果如图 5-4、图 5-5 所示。

from_station id	from_station name	to_station id	to_station name	from_latitude	from_longitude	to_latitude	to_longitude	from_stn_flag	from_lc_flag	to_stn
181	LaSalle St & Illinois St	3	Shedd Aquarium	41.890749	-87.63206	41.86722596	-87.61535539	1	1	1
3	Shedd Aquarium	284	Michigan Ave & Jackson Blvd	41.86722596	-87.61535539	41.87785	-87.62408	1	1	1
30	Ashland Ave & Augusta Blvd	287	Franklin St & Arcade Pl	41.899643	-87.6677	41.880317	-87.635185	1	1	1
99	Lake Shore Dr & Ohio St	199	Wabash Ave & Grand Ave	41.89257	-87.614492	41.891738	-87.626937	1	1	1
283	LaSalle St & Jackson Blvd	140	Dearborn Pkwy & Delaware Pl	41.87817	-87.631985	41.898969	-87.629912	1	1	1
304	Broadway & Waveland Ave	296	Broadway & Belmont Ave	41.949546	-87.648674	41.940106	-87.645451	1	1	1
56	Desplaines St & Kinzie St	123	California Ave & Milwaukee Ave	41.88871604	-87.64444785	41.922695	-87.697153	1	1	1
191	Canal St & Monroe St	59	Wabash Ave & Roosevelt Rd	41.8807	-87.63947	41.867227	-87.625961	1	1	1
140	Dearborn Pkwy & Delaware Pl	74	Kingsbury St & Erie St	41.898969	-87.629912	41.893882	-87.641711	1	1	1

共 5000 条　< 1 2 3 …… 100 > 50条/页 ∨

图5-4　查询数据表中的内容

图5-5　查询数据总条数

站点维度表的作用是记录各个站点的信息，而在数据字段中使用前缀"from"及"to"分别来表示出发和到达。但是对站点维度表而言，不需要记录这个站点是出发站点还是到达站点，因此需要将到达站点信息合并到出发站点信息的相应字段中。创建 hql 节点，并重命名为"insert_stationinfo"，打开该节点并输入如下代码：

```
--将所有前缀为"to"的字段数据都插入前缀为"from"的字段中
INSERT INTO TABLE bigdata_dw.extract_stationinfo (
    from_station_id,from_station_name,
    from_latitude,from_longitude,
    from_stn_flag,from_lc_flag)
SELECT
    to_station_id,to_station_name,
    to_latitude,to_longitude,
    to_stn_flag,to_lc_flag
FROM bigdata_dw.extract_stationinfo;
```

保存并运行"insert_stationinfo"节点，运行成功后，为了检验是否成功插入数据，切换到"observe_hive"节点，注释当前所有代码并输入如下代码查询数据表中的数据总条数：

```
--查询数据表中的数据总条数
SELECT COUNT(1) FROM bigdata_dw.extract_stationinfo;
```

输入代码后保存并运行，若运行结果返回的数据总条数为之前的 2 倍，共有 999980 条，则表示成功合并字段，运行结果如图 5-6 所示。

图5-6　查询合并后的数据总条数

　　在上一步骤中，已经将到达站点信息合并到出发站点信息的相应字段中，因此需要将到达站点相应字段进行过滤，减少不必要的字段，并将出发站点相关字段进行重命名。创建 hql 节点，并重命名为"station_info2"，打开该节点并输入如下代码：

```
CREATE TABLE IF NOT EXISTS bigdata_dw.station_info2 AS
SELECT
    from_station_id AS station_id,
    from_station_name AS station_name,
    from_latitude AS latitude,
    from_longitude AS longitude,
    from_stn_flag AS stn_flag,
    from_lc_flag AS lc_flag
FROM bigdata_dw.extract_stationinfo;
```

　　输入代码后保存并运行，运行成功后，为了检验是否成功将相应字段进行过滤，切换到"observe_hive"节点，注释当前所有代码并输入如下代码查询数据表中的内容：

```
SELECT * FROM bigdata_dw.station_info2;
```

　　输入代码后保存并运行，若返回结果集中有数据，且字段分别是"station_id"、"station_name"、"latitude"、"longitude"、"stn_flag"和"lc_flag"，则表示字段过滤成功，运行结果如图 5-7 所示。

station_id	station_name	latitude	longitude	stn_flag	lc_flag
181	LaSalle St & Illinois St	41.890749	-87.63206	1	1
3	Shedd Aquarium	41.86722596	-87.61535539	1	1
30	Ashland Ave & Augusta Blvd	41.899643	-87.6677	1	1

共 5000 条　< 1　2　3　…　100　>　50 条/页 ∨

图5-7　验证字段过滤是否成功

　　根据上一步骤的运行结果可以观察到，"stn_flag"字段和"lc_flag"字段的值为 0 或 1。"stn_flag"表示站点名称检验字段，"lc_flag"表示经纬度检验字段。它们的值若为 1 则表示正常，若为 0 则表示该数据为异常数据。同时，还需要删除部分重复的站点信息，因为数据并非是完全重复的，所以无法使用"DISTINCT"语句进行去重，可以使用"GROUP BY"语句，通过聚合数据的方式进行数据去重。

　　创建 hql 节点，并重命名为"station_info3"，打开该节点并输入如下代码：

```
CREATE TABLE IF NOT EXISTS bigdata_dw.dwd_station_info AS
--只保留符合条件的 "station_id"、"station_name"、"latitude" 和 "longitude" 字段数据
```

```
SELECT station_id, station_name, latitude, longitude
FROM bigdata_dw.station_info2
--只保留"stn_flag"和"lc_flag"字段的值都为 1 的数据
WHERE stn_flag = 1 AND lc_flag = 1
--按"station_id"、"station_name"、"latitude"和"longitude"字段进行去重
GROUP BY station_id, station_name, latitude, longitude;
```

输入代码后保存并运行，运行成功后，为了检验是否成功将异常数据进行清洗，切换到"observe_hive"节点并输入如下代码查询数据表中的内容：

```
SELECT * FROM bigdata_dw.dwd_station_info;
SELECT COUNT(1) FROM bigdata_dw.dwd_station_info;
```

输入代码后保存并运行，若运行成功后返回的"结果集 1"中有数据，且字段分别是"station_id"、"station_name"、"latitude"和"longitude"，在"结果集 2"中显示数据总条数为 571，则表示成功清洗异常数据，并将清洗后的数据成功载入"bigdata_dw.dwd_station_info"数据表中，运行结果如图 5-8、图 5-9 所示。

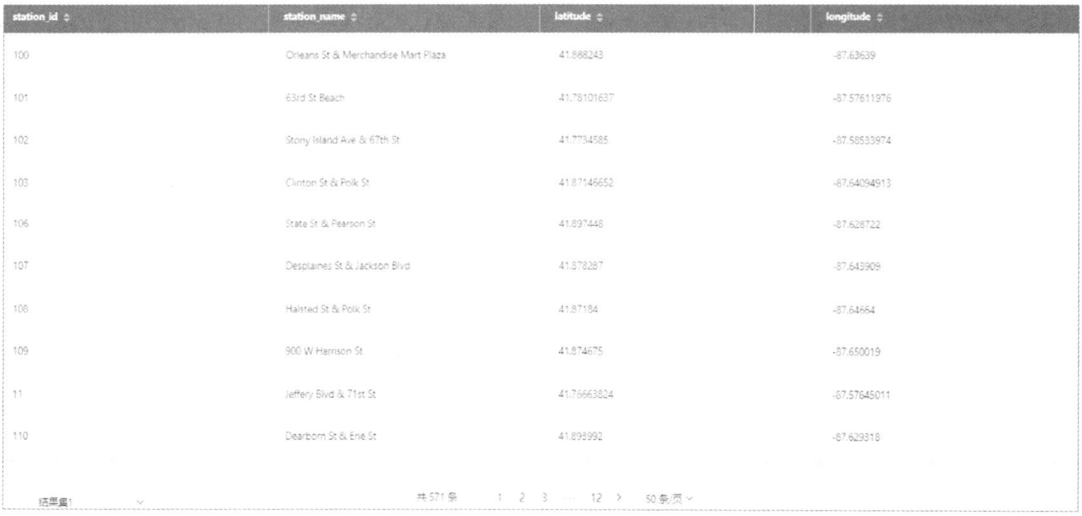

图5-8　查询数据表中的内容

图5-9　查询清洗后的数据总条数

步骤三：拆分清洗会员维度表

在数据观察阶段可以观察到，涉及会员维度表的字段分别为"user_id"、"gender"、"birth_year"、"type_id"和"user_type"，从之前的数据观察中可以发现，"user_type"字段与"type_id"字段内容对等，可以忽略。因此需要从原始数据表中获取相关字段，并过滤重复数据。创建 hql 节点，并重命名为"extract_user_info"，打开该节点并输入如下代码：

```
CREATE TABLE IF NOT EXISTS bigdata_dw.extract_user_info AS
SELECT user_id,gender,birth_year,type_id
FROM x_class.jx22x41_p7_origin
--过滤重复数据
GROUP BY user_id,gender,birth_year,type_id;
```

输入代码后保存并运行，若无异常则表示代码运行成功。为了检验是否成功获取相应字段，切换到"observe_hive"节点，注释当前所有代码并输入如下代码查询数据表中的内容：

```
SELECT * FROM bigdata_dw.extract_user_info;
```

输入代码后保存并运行，若运行成功后返回的"结果集"中有数据，且字段分别是"user_id"、"gender"、"birth_year"和"type_id"，则表示成功返回数据，运行结果如图 5-10 所示。

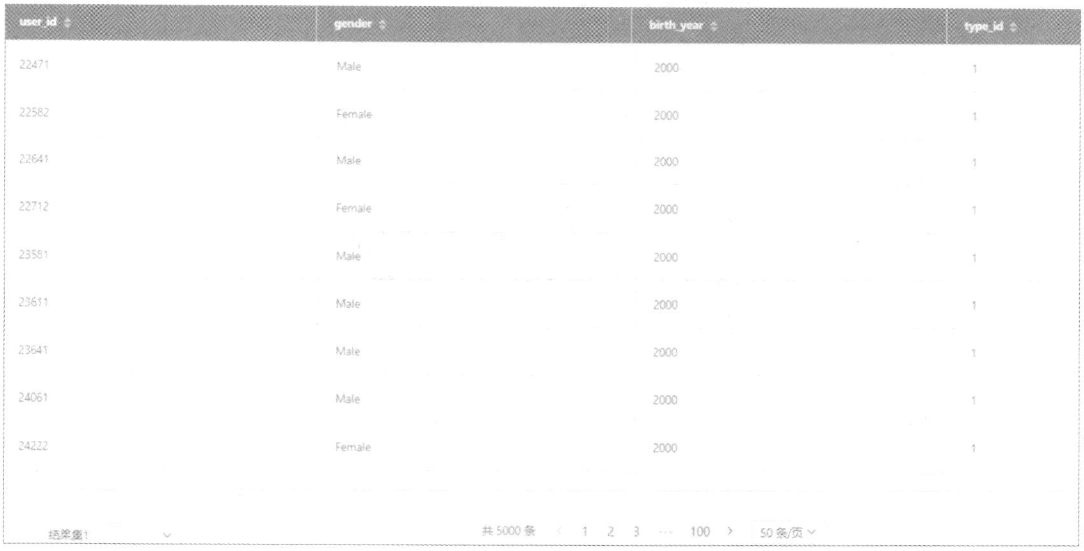

user_id	gender	birth_year	type_id
22471	Male	2000	1
22582	Female	2000	1
22641	Male	2000	1
22712	Female	2000	1
23581	Male	2000	1
23611	Male	2000	1
23641	Male	2000	1
24061	Male	2000	1
24222	Female	2000	1

共 5000 条　1　2　3　…　100　50 条/页

图5-10 验证数据字段是否获取成功

从上一步骤的运行结果中可以观察到，"type_id"字段的值为 0 或 1，其中 0 表示临时用户，而 1 表示注册用户。临时用户不包含任何用户数据，因此需要进行过滤，将非会员的用户数据进行删除。创建一个 hql 节点，并重命名为"user_info"，打开该节点并输入如下代码：

```
CREATE TABLE IF NOT EXISTS bigdata_dw.dwd_user_info AS
SELECT user_id,gender,birth_year, type_id
FROM bigdata_dw.extract_user_info
--仅保留注册用户数据
WHERE type_id=1;
```

输入代码后保存并运行，若无异常则表示运行成功。运行成功后，为了检验是否成功将非会员数据进行过滤，切换到"observe_hive"节点，注释当前所有代码并输入如下代码查询数据表内容：

```
--查询bigdata_dw.dwd_user_info数据表是否成功存储数据
SELECT * FROM bigdata_dw.dwd_user_info;
--查询bigdata_dw.dwd_user_info数据表是否存在临时用户信息
SELECT * FROM bigdata_dw.dwd_user_info WHERE type_id=0;
```

输入代码后保存并运行，运行成功后将会返回两个结果集。若"结果集1"中有数据，"结果集 2"为空，则表示成功过滤临时用户数据，并将过滤后的数据存储到"bigdata_dw.dwd_user_info"数据表中，运行结果如图 5-11、图 5-12 所示。

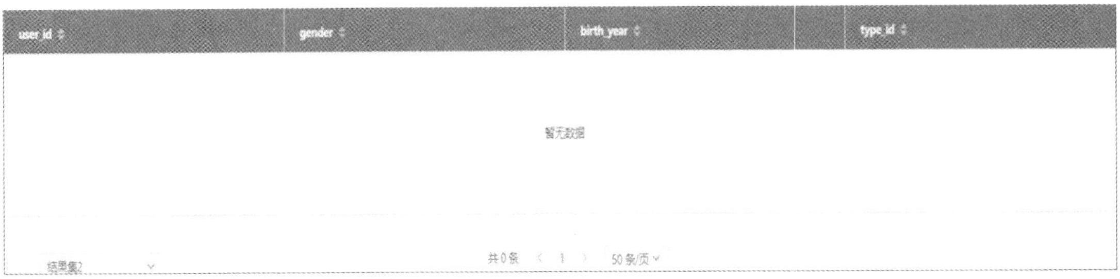

图5-11 查询"bigdata_dw.dwd_user_info"数据表是否存在临时用户信息

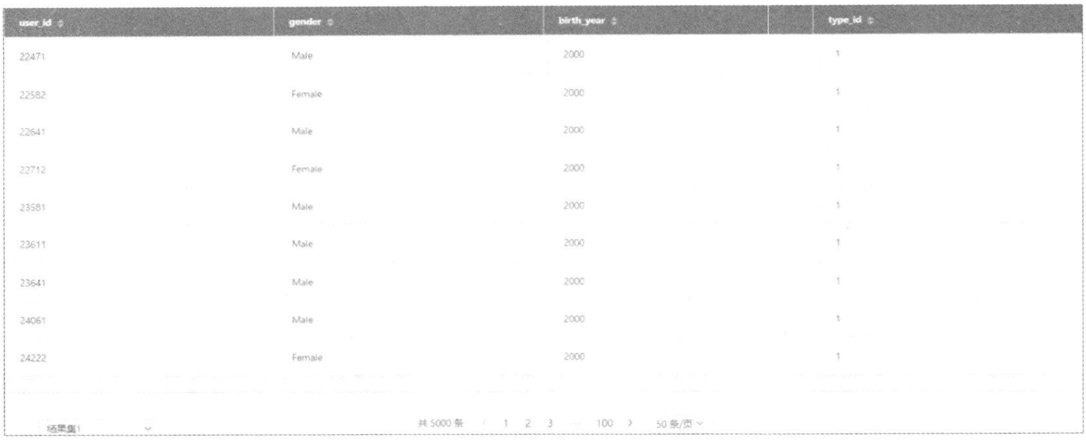

图5-12 查询"bigdata_dw.dwd_user_info"数据表是否成功存储过滤后的数据

步骤四：拆分清洗订单事实表

订单事实表只需记录一系列数据的 ID 而无须记录具体的名称，名称可以通过 ID 在对应的维度表中查询。在数据观察阶段可以观察到，涉及订单事实表的字段分别有"start_time"、"trip_id"、"stop_time"、"bike_id"、"trip_duration"、"from_station_id"、"to_station_id"、"user_id"和"type_id"。创建 hql 节点，并重命名为"extract_order_info"，打开该节点并输入如下代码获取订单事实表相关字段：

```
--进入数据仓库的 ODS 层
USE bigdata_dw;
--获取订单事实表相关字段，并存储到数据表中
CREATE TABLE IF NOT EXISTS bigdata_dw.extract_orderinfo AS
SELECT
    start_time,trip_id,stop_time,bike_id,trip_duration,from_station_id,
to_station_id,user_id,type_id
FROM
    x_class.jx22x41_p7_origin;
```

编写完代码后保存并运行，若无异常则表示代码运行成功。运行成功后，为了检验是否成功获取订单事实表相关字段，切换到"observe_hive"节点，注释当前所有代码并输入如下代码查询数据表中的内容：

```
SELECT * FROM  bigdata_dw.extract_orderinfo;
```

编写完代码后保存并运行，若返回结果集中有数据，且返回的字段分别是"start_time"、"trip_id"、"stop_time"、"bike_id"、"trip_duration"、"from_station_id"、"to_station_id"、"user_id"和"type_id"，则表示成功获取数据，运行结果如图 5-13 所示。

start_time	trip_id	stop_time	bike_id	trip_duration	from_station_id	to_station_id	user_id	type_id
09/11/2016 04:14:00 PM	11823633	09/11/2016 04:44:00 PM	5764	1829	181	3	544461	1
07/05/2016 04:09:00 PM	6056510	07/05/2016 04:30:00 PM	2788	1262	3	284	773703	0
06/18/2015 07:56:00 AM	5692484	06/18/2015 08:12:00 AM	3574	914	30	287	560911	1
09/04/2016 09:00:00 PM	11709287	09/04/2016 09:37:00 PM	4044	2212	99	199	946593	0
09/23/2014 04:57:00 PM	3704506	09/23/2014 05:10:00 PM	2021	793	283	140	961153	0
08/10/2016 07:59:00 PM	11255047	08/10/2016 08:03:00 PM	1247	267	304	296	687431	1
06/08/2016 12:58:00 PM	9975843	06/08/2016 01:19:00 PM	1952	1246	56	123	416972	1

图5-13　查询是否成功获取数据

从上一步骤的运行中可以观察到，"start_time"字段及"stop_time"字段都是以字符串的形式表示时间的，并且第 1 位～第 10 位表示日期时间，格式为"月/日/年"；第 12 位～第 19 位表示 12 小时制的时间，第 21 位～第 22 位表示上午或下午，上午使用"AM"表示，下午使用"PM"表示。

根据以上数据在字符串中的分布特点，接下来需要将该字段进行拆分处理。将"start_time"字段及"stop_time"字段拆分成 4 个字段，分别为"order_date"、"order_amorpm"、"start_time"及"stop_time"，其中"order_date"字段用于表示订单的日期数据，"order_amorpm"字段用于表示是上午的订单还是下午的订单，"start_time"字段及"stop_time"字段依然表示订单的开始时间及结束时间，但是时间格式为 24 小时制"年-月-日 时:分:秒"。创建 hql 节点，重命名为"order_info"，打开该节点并输入如下代码进行日期字段的拆分。

```
CREATE TABLE IF NOT EXISTS bigdata_dw.dwd_order_info AS
SELECT
    trip_id,
    --将字段中第1位～第10位的数据转化为日期格式，并作为订单的日期信息
    TO_DATE(from_unixtime(UNIX_TIMESTAMP(SUBSTR(start_time,1,10),
'MM/dd/yyyy'))) AS order_date,
    --第21位～第22位上的数据用于表示是上午的订单还是下午的订单
    SUBSTR(start_time,21,2) AS order_amorpm,
    --判断"start_time"字段中第21位～第22位上的数据是否是下午，若是下午，则订单开始时
间加上12小时，最后将时间格式设置为"年-月-日 时:分:秒"
    IF(
    SUBSTR(start_time,21,2)='PM',
    CONCAT(TO_DATE(from_unixtime(UNIX_TIMESTAMP(SUBSTR(start_time,1,10),'MM/
dd/yyyy'))),' ',CAST(12+SUBSTR(start_time,12,2) AS
int),':',SUBSTR(start_time,15,2),':',SUBSTR(start_time,18,2)),
    CONCAT(TO_DATE(from_unixtime(UNIX_TIMESTAMP(SUBSTR(start_time,1,10),'MM/
dd/yyyy'))),'
',SUBSTR(start_time,12,2),':',SUBSTR(start_time,15,2),':',SUBSTR(start_time
,18,2))) AS start_time,
    --判断"stop_time"字段中第21位～第22位上的数据是否是下午，若是下午，则订单结束时
间加上12小时，最后将时间格式设置为"年-月-日 时:分:秒"
    IF(
    SUBSTR(stop_time,21,2)='PM',
    CONCAT(TO_DATE(from_unixtime(UNIX_TIMESTAMP(SUBSTR(start_time,1,10),'MM/
dd/yyyy'))),' ',CAST(12+SUBSTR(stop_time,12,2) AS
int),':',SUBSTR(stop_time,15,2),':',SUBSTR(stop_time,18,2)),
    CONCAT(TO_DATE(from_unixtime(UNIX_TIMESTAMP(SUBSTR(start_time,1,10),'MM/
dd/yyyy'))),' ',SUBSTR(stop_time,12,2),':',SUBSTR(stop_time,15,2),':',
SUBSTR(stop_time,18,2))) AS stop_time,
    --其他字段
    bike_id,trip_duration,
    from_station_id,to_station_id,
    user_id,type_id
FROM bigdata_dw.extract_orderinfo;
```

输入代码后保存并运行，若无异常则表示代码运行成功。为了检验是否将时间字段进行相应的处理，切换到"observe_hive"节点，注释当前所有代码并输入如下代码查询数据表中的内容：

```
SELECT * FROM bigdata_dw.dwd_order_info;
```

输入代码后保存并运行，若返回结果集中有数据，且返回的字段分别是"trip_id"、"order_date"、"order_amorpm"、"start_time"、"stop_time"、"bike_id"、"trip_duration"、"from_station_id"、"to_station_id"、"user_id"、"type_id"和"order_date"字段的格式为"年-月-日"，"start_time"字段及"stop_time"字段的格式为"年-月-日 时:分:秒"，则表示成功返回数据，运行结果如图5-14所示。

trip_id	order_date	order_denorpmt	start_time	stop_time	bike_id	trip_duration id	from_station id	to_station_id id	user_id	type_id
11823633	2016-09-11	PM	2016-09-11 16:14:00	2016-09-11 16:44:00	5764	1829	181	3	544461	1
6056510	2015-07-05	PM	2015-07-05 16:09:00	2015-07-05 16:30:00	2788	1262	3	284	773703	0
5692484	2015-06-18	AM	2015-06-18 07:56:00	2015-06-18 08:12:00	3574	914	30	287	560911	1
11709287	2016-09-04	PM	2016-09-04 21:00:00	2016-09-04 21:37:00	4044	2212	99	199	946593	0
3704506	2014-09-23	PM	2014-09-23 16:57:00	2014-09-23 17:10:00	2021	793	283	140	961153	0
11253047	2016-08-10	PM	2016-08-10 19:59:00	2016-08-10 20:03:00	1247	267	304	296	687431	1
9975843	2016-06-08	PM	2016-06-08 24:58:00	2016-06-08 13:19:00	1952	1248	56	123	416872	1
2184092	2014-06-20	AM	2014-06-20 08:25:00	2014-06-20 08:36:00	2396	649	191	59	395621	1
2275121	2014-06-26	AM	2014-06-26 09:12:00	2014-06-26 09:18:00	1201	373	140	74	549562	1
12636406	2016-11-05	PM	2016-11-05 21:15:00	2016-11-05 21:31:00	4962	956	346	86	382681	1

图5-14　查询数据日期处理结果

步骤五：构建工作流

在"observe_hive"节点中，输入如下代码清空操作记录：

```
--删除获取站点维度字段表
DROP TABLE  IF EXISTS bigdata_dw.extract_stationinfo;
--删除过滤站点维度表
DROP TABLE  IF EXISTS bigdata_dw.station_info2;
--删除站点维度表
DROP TABLE  IF EXISTS bigdata_dw.dwd_station_info;
--删除获取会员维度字段表
DROP TABLE  IF EXISTS bigdata_dw.extract_user_info;
--删除会员维度表
DROP TABLE  IF EXISTS bigdata_dw.dwd_user_info;
--删除订单事实字段表
DROP TABLE  IF EXISTS bigdata_dw.extract_orderinfo;
--删除订单事实表
DROP TABLE  IF EXISTS bigdata_dw.dwd_order_info;
```

运行代码后，为了检验是否删除所指定的数据表，注释当前所有代码并输入如下代码对数据表进行查询：

```
USE bigdata_dw;
SHOW TABLES;
```

输入代码后，保存并运行"observe_hive"节点，若返回结果中不包含刚才删除的数据表名，则表示成功删除数据表，最后删除"observe_hive"节点。

创建用于查询最后结果的 hql 节点，并重命名为"select_all"，再输入如下查询代码：

```
USE bigdata_dw;
--查询站点维度表拆分清洗是否正确
SELECT * FROM bigdata_dw.dwd_station_info;
--查询会员维度表拆分清洗是否正确
```

```
SELECT * FROM bigdata_dw.dwd_user_info;
--查询订单事实表拆分清洗是否正确
SELECT * FROM bigdata_dw.dwd_order_info;
```

在工作流页面中，将鼠标指针悬浮在各节点上，使用连线将各节点进行连接，连接顺序如下。

（1）"extract_stationinfo"。

（2）"insert_stationinfo"。

（3）"station_info2"。

（4）"station_info3"。

（5）"extract_user_info"。

（6）"user_info"。

（7）"extract_order_info"。

（8）"order_info"。

（9）"select_all"。

保存节点内容，返回工作流页面，分别单击"保存"按钮和"执行"按钮。等待工作流执行完毕，若全部节点运行正常，则表示所有代码均无误，如图 5-15 所示。

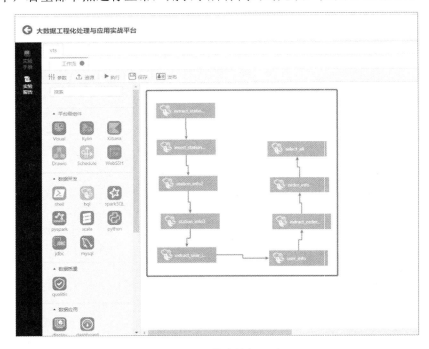

图5-15 工作流执行顺序

打开"select_all"节点，再运行该节点。若返回 3 个结果集，单击"结果集 1"下拉按钮切换结果集，各结果集均正常显示数据，则表示数据计算成功，运行结果如图 5-16～图 5-18 所示。

station_id	station_name	latitude	longitude
100	Orleans St & Merchandise Mart Plaza	41.888243	-87.63639
101	63rd St Beach	41.78101637	-87.57611976
102	Stony Island Ave & 67th St	41.7734585	-87.58533974
103	Clinton St & Polk St	41.87146652	-87.64094913
106	State St & Pearson St	41.897448	-87.628722
107	Desplaines St & Jackson Blvd	41.878287	-87.643909
108	Halsted St & Polk St	41.87184	-87.64664
109	900 W Harrison St	41.874675	-87.650019

共571条 〈 1 2 3 … 12 〉 50条/页 ∨

图5-16 查询站点维度表拆分清洗是否正确

user_id	gender	birth_year	type_id
22471	Male	2000	1
22582	Female	2000	1
22641	Male	2000	1
22712	Female	2000	1
23581	Male	2000	1
23611	Male	2000	1
23641	Male	2000	1
24061	Male	2000	1

共5000条 〈 1 2 3 … 100 〉 50条/页 ∨

图5-17 查询会员维度表拆分清洗是否正确

trip_id	order_date	order_amorpm	start_time	stop_time	bike_id	trip_duration	from_station_id	to_station_id	user_id	type_id
11823633	2016-09-11	PM	2016-09-11 16:14:00	2016-09-11 16:44:00	5764	1829	181	3	544461	1
6056510	2015-07-05	PM	2015-07-05 16:09:00	2015-07-05 16:30:00	2788	1262	3	284	773703	0
5692484	2015-06-18	AM	2015-06-18 07:56:00	2015-06-18 08:12:00	3574	914	30	287	560911	1
11709287	2016-09-04	PM	2016-09-04 21:00:00	2016-09-04 21:37:00	4044	2212	99	199	946593	0
3704506	2014-09-23	PM	2014-09-23 16:57:00	2014-09-23 17:10:00	2021	793	283	140	961153	0
11255047	2016-08-10	PM	2016-08-10 19:59:00	2016-08-10 20:03:00	1247	267	304	296	687431	1
9975843	2016-06-08	PM	2016-06-08 24:58:00	2016-06-08 13:19:00	1952	1246	56	123	416972	1
2184092	2014-06-20	AM	2014-06-20 08:25:00	2014-06-20 08:36:00	2396	649	191	59	395621	1

共5000条 〈 1 2 3 … 100 〉 50条/页 ∨

图5-18 查询订单事实表拆分清洗是否正确

最后，为了避免存储大量数据造成系统资源的浪费，需要将刚才创建的数据表删除。创建一个名为"drop_all"的 hql 节点，再输入如下代码清空已经创建的所有数据表：

```
--删除获取站点维度字段表
DROP TABLE  IF EXISTS bigdata_dw.extract_stationinfo;
--删除过滤站点维度表
DROP TABLE  IF EXISTS bigdata_dw.station_info2;
--删除站点维度表
DROP TABLE  IF EXISTS bigdata_dw.dwd_station_info;
--删除获取会员维度字段表
DROP TABLE  IF EXISTS bigdata_dw.extract_user_info;
--删除会员维度表
DROP TABLE  IF EXISTS bigdata_dw.dwd_user_info;
--删除订单事实字段表
DROP TABLE  IF EXISTS bigdata_dw.extract_orderinfo;
--删除订单事实表
DROP TABLE  IF EXISTS bigdata_dw.dwd_order_info;
```

输入代码后保存并运行，运行完成后，为了检验数据表是否真的被全部删除，注释当前所有代码并输入如下代码查询当前 bigdata_dw 数据库是否还存在"dws_ctry_record_rank"、"dws_ctry_temp"及"dws_GM_temp"数据表。

```
USE bigdata_dw;
--查看当前数据表
SHOW TABLES;
```

运行完成后，若返回的数据列表中不存在刚才删除的数据表，则表示成功删除数据表。

【任务小结】

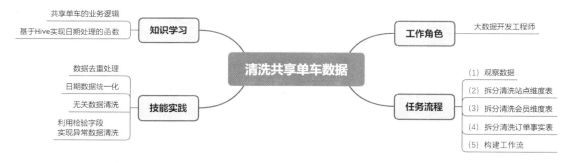

在本次任务中，读者需要使用 Hive 工具，将原始数据表中的数据进行维度拆分，从而结合不同业务的清洗要求，通过删除或替换等方法对重复值、无关数据、不符合质量的数据进行清洗。通过学习本任务，读者可以巩固各类字符处理函数、判断函数、常用去重函数等的知识。

【任务拓展】

在本任务中，使用"GROUP BY"语句进行数据去重，尝试使用"DISTINCT"语句对数据进行去重，并查询结果是否符合预期。

任务二　计算共享单车数据

【能力目标】

通过本任务的教学，读者理解相关知识之后，应达到以下能力目标。

- 根据多表数据集，能编写对多表数据进行字段合并、拆分等操作的脚本，获得字段对应的多表数据集。
- 根据字段对应多表数据集，能编写连接、关联处理多表数据的脚本，获得关联整合数据集。
- 根据关联整合数据集，能编写数据条件聚合、分组的脚本，获得关联计算数据集。能对数据集中指定数据字段进行条件聚合、分组操作。

【任务描述与要求】

任务描述：

共享单车数据经过维度拆分和数据清洗之后，形成了明细翔实的基础数据。基于该公司现有的业务情况，大数据开发工程师计划对用户主题和站点主题进行行为状态类的统计分析。

其中，在用户主题中需要计算的会员指标有以下 4 个。

- 用户总骑行次数。
- 用户累计骑行时长。
- 用户首次骑车日期。
- 用户最近骑车日期。

在站点主题中需要计算的指标有以下 3 个。

- 站点上午的使用次数。
- 站点下午的使用次数。
- 站点总使用次数。

任务要求：

- 根据不同的数据计算要求，选择不同的数据表，实现关联计算。
- 选择合适的维度和度量，实现至少 5 次的聚合计算。
- 优化查询语句，将各个业务主题的计算结果导入 DWS 层中相应的计算汇总表。

【任务资讯】

1. 基于 Hive 实现字段合并的常见函数

使用 Hive 自带的 CONCAT() 系列函数，即可实现字段的合并和拆分。

CONCAT() 函数的语法格式如下：

```
CONCAT(stringA/colB, stringB/colB,......)
```

功能：返回输入字符串连接后的结果，支持输入任意字符串。

CONCAT_WS() 函数的语法格式如下：

```
CONCAT_WS(separator,stringA/colB, stringB/colB,......)
```

功能：CONCAT() 函数的一种特殊形式，第一个参数是用于分割后续剩余字符的分隔符。分隔符可以是常用分隔符，如","和"|"等，也可以是字符串，甚至是 NULL。CONCAT_WS() 函数会跳过分隔符参数后面的任何 NULL 和空字符串。

2. 基于 Hive 的表关联方法

"JOIN"子句可以将来自两个或多个表的行结合起来，该子句包含多种关联方式。为方便介绍，此处引入如表 5-3 所示的实例数据。

表 5-3 实例数据

A 表		B 表	
id	subject	id	score
1	语文	1	130
2	数学	2	130
3	英语	3	
4	计算机	5	100

- 内关联（INNER JOIN）。

内关联是最基础的一类关联，也可简写为"JOIN"，如图 5-19 所示。关联后的数据仅包含 A 表与 B 表的交集部分。

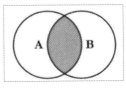

图5-19 内关联

基于以下 SQL 语法，便可获得如表 5-4 所示的结果。

```
SELECT * FROM A INNER JOIN B ON A.id= B.id;
```

表 5-4　INNER JOIN 结果

A 表		B 表	
id	subject	id	score
1	语文	1	130
2	数学	2	130
3	英语	3	

- 左关联（LEFT JOIN）

如图 5-20 所示，左关联后的数据包括 A 表的所有数据，以及 A 表与 B 表的交集部分。

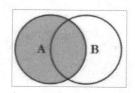

图5-20　左关联

基于以下 SQL 语法，便可获得如表 5-5 所示的结果。

```
SELECT * FROM A
LEFT JOIN B ON A.id= B.id;
```

表 5-5　LEFT JOIN 结果

A 表		B 表	
id	subject	id	score
1	语文	1	130
2	数学	2	130
3	英语	3	
4	计算机		

- 右关联（RIGHT JOIN）。

如图 5-21 所示，右关联后的数据包括 B 表的所有数据，以及 A 表与 B 表的交集部分。

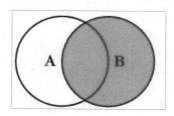

图5-21　右关联

基于以下 SQL 语法，便可获得如表 5-6 所示的结果。

```
SELECT * FROM A
RIGHT JOIN B ON A.id= B.id;
```

表 5-6   RIGHT JOIN 结果

A 表		B 表	
id	subject	id	score
1	语文	1	130
2	数学	2	130
3	英语	3	
		5	100

- 全关联（FULL JOIN）。

只要关系匹配，全关联将会关联两个表的所有内容，如图 5-22 所示。

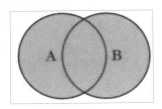

图5-22   全关联

基于以下 SQL 语法，便可获得如表 5-7 所示的结果。

```
SELECT * FROM A
FULL JOIN B ON A.id= B.id;
```

表 5-7   FULL JOIN 结果

A 表		B 表	
id	subject	id	score
1	语文	1	130
2	数学	2	130
3	英语	3	
4	计算机		
		5	100

【任务计划与决策】

1. 观察数据

在对数据进行计算之前，需要仔细观察清洗后的数据，评估清洗结果和现有数据内容是否能满足计算处理的要求。

2. 分析计算指标

不同的业务主题，计算的内容也不相同。在分析某个注册用户的骑行行为时，通常会统计该用户的出行频次、时间偏好等指标。而对站点而言，其主要目的是方便运营人员制订养护计划，以及布置广告等运营活动。因此不同的业务主题，其计算的内容也大有不同。

那么怎样计算这些指标呢？先分析这些指标属于哪些类型，通常来说分为以下几种。

- 计数型：主要使用 COUNT()函数，用于计算与频率相关的指标。
- 最值型：主要使用 MAX()函数和 MIN()函数，常用于计算个人偏好或某事物的热度。
- 数值计算型：包括计算概率、求平均值、求和等计算。

3．计算各主题聚合

如果规划的指标较多，为了降低 SQL 语句的复杂度，需要在 DWS 层中创建业务主题对应的汇总表，而各个指标的计算结果则以临时表的形式暂时存储，经过测试无误后，全部导入业务主题对应的汇总表中。

【任务实施】

根据任务计划与决策的内容，可以推导出如下所示的操作流程。

- 对会员主题表进行数据观察，根据业务需求，分析会员主题表的字段及属性，对目标数据进行聚合、计算、过滤处理并存储最终结果。
- 对站点主题表进行观察，根据业务需求，分析站点主题表的字段及属性，对目标数据进行聚合、计算、过滤处理并存储最终结果。
- 清空操作记录，使用连线按照任务操作流程进行连接，并查询最终执行情况。

具体实施步骤如下。

步骤一：实现会员主题聚合计算

需要进行计算的数据分别存储在"x_class"数据库中的"jx22x41_p7_dwd_order_info"、"jx22x41_p7_dwd_station_info"及"jx22x41_p7_dwd_user_info"数据表中，为了观察数据的格式及监控每个计算步骤的效果，预先在工作流页面创建 hql 节点，并重命名为"observe_hive"。

在 3 个数据表中，与会员用户有关系的数据表是"jx22x41_p7_dwd_order_info"及"jx22x41_p7_dwd_user_info"，因此输入如下代码对两个数据表中的数据进行观察：

```
USE x_class;
--查询订单事实表中的数据
SELECT * FROM jx22x41_p7_dwd_order_info;
--查询会员维度表中的数据
SELECT * FROM jx22x41_p7_dwd_user_info;
```

编写完代码后，保存并运行"observe_hive"节点，若返回的两个结果集均有数据，则表示查询成功。其中，"结果集 1"显示的是订单事实表中的数据，"结果集 2"显示的是会员维度表中的数据，运行结果如图 5-23、图 5-24 所示。

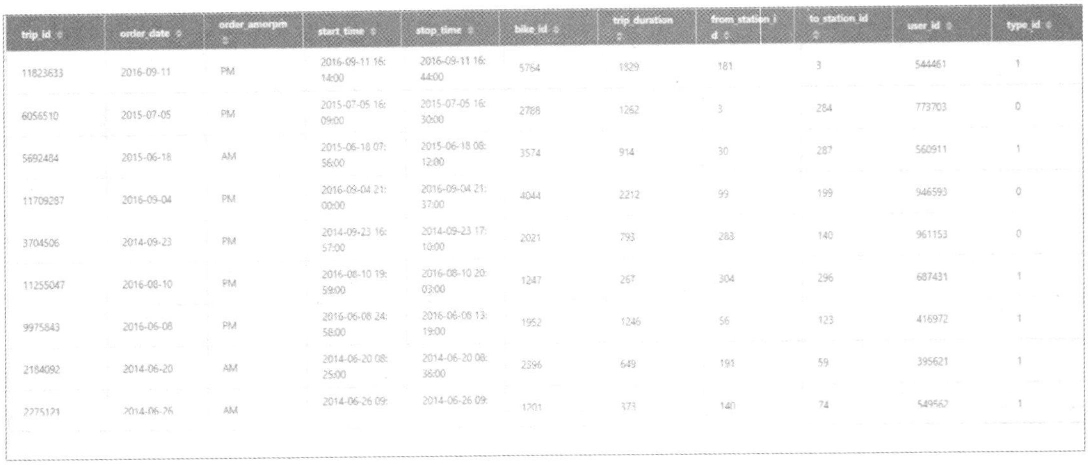

图5-23　查询订单事实表中的数据

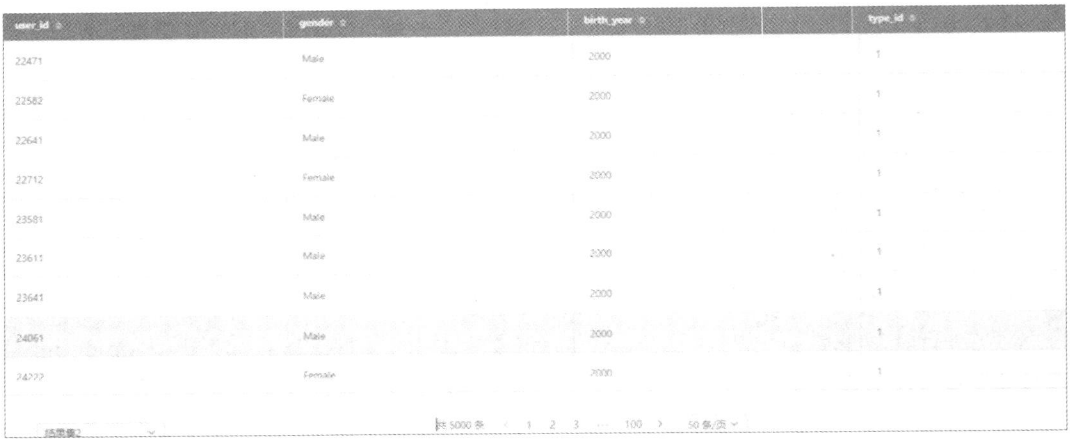

图5-24　查询会员维度表中的数据

　　上一步骤可以返回两个结果集，从"结果集 1"中可以观察到，订单事实表有以下字段属性，如表 5-8 所示。其中，"order_amorpm"字段使用"AM"表示骑行为上午时段，"PM"表示骑行为下午时段；"type_id"字段的值为 0 表示临时用户，值为 1 表示注册用户，并且订单事实表和会员维度表之间可以通过相同的字段"user_id"进行连接。

表 5-8　订单事实表的字段属性

字 段 名 称	含 义	字 段 名 称	含 义
trip_id	行程 ID	trip_duration	行程时间
order_date	行程日期	from_station_id	出发站点 ID
order_amorpm	行程时段	to_station_id	到达站点 ID
start_time	行程开始时间	user_id	用户 ID
stop_time	行程结束时间	type_id	用户类型编号
bike_id	共享单车编号		

　　从"结果集 2"可以观察到，会员维度表有以下字段属性，如表 5-9 所示。

表 5-9　会员维度表的字段属性

字 段 名 称	含 义	字 段 名 称	含 义
user_id	用户 ID	birth_year	出生年份
gender	性别	type_id	用户类型编号

在本任务描述中，可以了解会员主题的第一个指标是计算"用户总骑行次数"。接下来创建 hql 节点，并重命名为"usernum_count"，打开该节点并输入如下代码：

```
USE bigdata_dw;
--创建数据表，用于存储计算结果
CREATE TABLE IF NOT EXISTS bigdata_dw.usernum_count AS
--按用户 ID 来计算用户总骑行次数
SELECT user_id, COUNT(*) AS ride_num
FROM x_class.jx22x41_p7_dwd_order_info
--保留注册用户的数据
WHERE type_id = 1
--按用户 ID 进行聚合计算
GROUP BY user_id;
```

输入代码后保存并运行，若运行成功则表示代码无异常。为了检验是否正确计算每个用户总骑行次数，切换到"observe_hive"节点，注释当前所有代码并输入如下代码查询：

```
--查询用户总骑行次数指标计算结果
SELECT * FROM bigdata_dw.usernum_count order by ride_num desc;
```

输入代码后保存并运行，若返回降序排列的各用户总骑行次数，则表示计算成功，运行结果如图 5-25 所示。

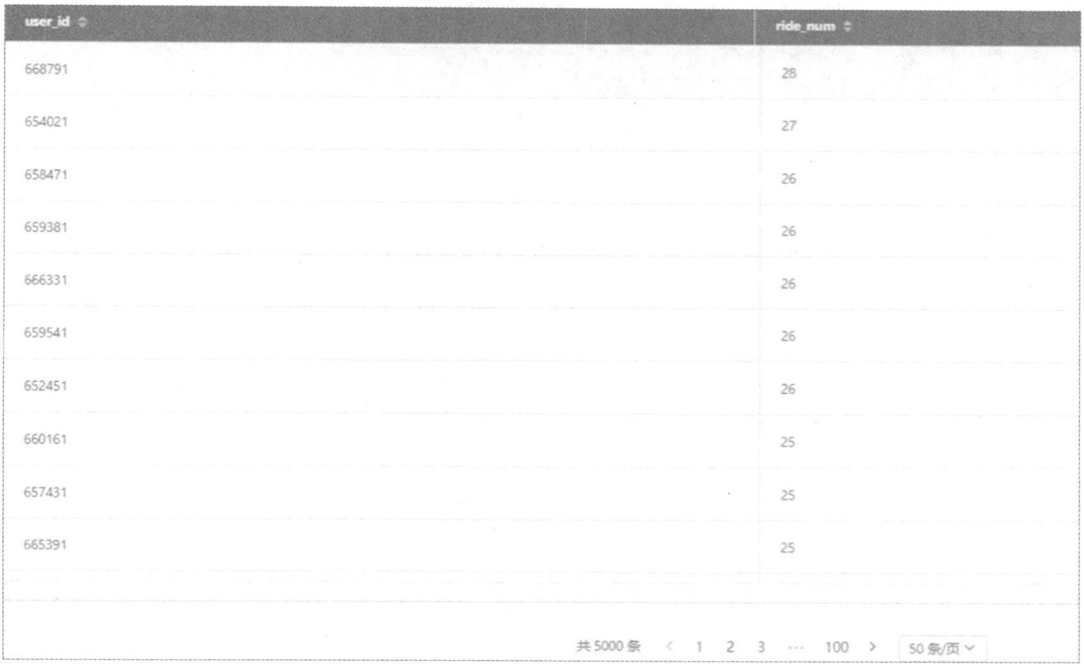

user_id	ride_num
668791	28
654021	27
658471	26
659381	26
666331	26
659541	26
652451	26
660161	25
657431	25
665391	25

共 5000 条　〈　1　2　3　…　100　〉　50 条/页 ∨

图5-25　查询计算用户总骑行次数是否正确

在本任务描述中，可以了解会员主题的第二～第四个指标分别是计算"用户累计骑行时长"、"用户首次骑车日期"及"用户最近骑车日期"，"用户累计骑行时长"的计算可以通过对"trip_duration"字段进行求和得出，而"用户首次骑车日期"及"用户最近骑车日期"的计算可以通过计算"order_date"字段的最小值及最大值得出。

创建 hql 节点，并重命名为"user_index"，打开该节点并输入如下代码：

```
USE bigdata_dw;
--创建数据表，用于存储计算结果
CREATE TABLE IF NOT EXISTS bigdata_dw.user_index AS
SELECT
    user_id,
    --计算用户累计骑行时长
    SUM(trip_duration) AS user_duration,
    --计算用户首次骑车日期
    MIN(order_date) AS first_date,
    --计算用户最近骑车日期
    MAX(order_date) AS last_date
FROM x_class.jx22x41_p7_dwd_order_info
--保留注册用户的数据
WHERE type_id = 1
--按用户 ID 进行聚合计算
GROUP BY user_id;
```

输入代码后保存并运行，若运行成功则表示代码无异常。为了检验是否正确计算每个用户相对应的 3 个指标值，切换到"observe_hive"节点，注释当前所有代码并输入如下代码查询：

```
--查询用户骑行相关指标计算结果
SELECT * FROM bigdata_dw.user_index;
```

若能成功返回带有数据的 3 个字段，且加入条件 "WHERE first_date <> last_date"查询用户首次骑车日期与用户最近骑车日期显示无误，则表示计算成功，运行结果如图 5-26 所示。

user_id	user_duration	first_date	last_date
22471	730	2016-10-07	2016-10-07
22582	688	2016-11-17	2016-11-17
32641	666	2016-07-27	2016-07-27
22712	661	2016-11-21	2016-11-21
23581	464	2016-12-30	2016-12-30
23611	988	2016-05-12	2016-05-12
23641	562	2016-09-24	2016-09-24
24061	281	2016-11-15	2016-11-15
24222	351	2016-10-24	2016-10-24
24701	124	2016-09-24	2016-09-24

共 5000 条   1 2 3 … 100 > 50 条/页 ∨

图5-26　查询用户骑行相关指标是否正确

在之前的步骤中，对会员主题的 4 个计算指标都分别进行了计算。接下来需要将这 4 个计算指标与相对应的用户信息进行关联，整合成一个主题宽表。

创建 hql 节点，并重命名为 "dws_user"，打开该节点并输入如下代码：

```
USE bigdata_dw;
--创建数据表并存储关联后的计算结果
CREATE TABLE IF NOT EXISTS bigdata_dw.dws_user_info AS
SELECT
    o.*, a.ride_num, b.user_duration, b.first_date, b.last_date
FROM (
    --将用户维度表与两个计算指标的数据表，通过用户 ID 进行关联
    SELECT * FROM x_class.jx22x41_p7_dwd_user_info) o
LEFT JOIN (
    SELECT * FROM bigdata_dw.usernum_count) a
ON o.user_id = a.user_id
LEFT JOIN (
    SELECT * FROM bigdata_dw.user_index) b
ON o.user_id = b.user_id;
```

输入代码后保存并运行，若运行成功则表示代码无异常。为了检验是否正确关联主题宽表，切换到 "observe_hive" 节点，注释当前所有代码并输入如下代码查询：

```
--查询用户骑行相关指标宽表关联结果
SELECT * FROM bigdata_dw.dws_user_info;
```

若能成功查询并且返回结果集无误，则表示计算成功，运行结果如图 5-27 所示。

user_id	gender	birth_year	type_id	ride_num	user_duration	first_date	last_date
22471	Male	2000	1	1	730	2016-10-07	2016-10-07
22582	Female	2000	1	1	688	2016-11-17	2016-11-17
22641	Male	2000	1	1	666	2016-07-27	2016-07-27
22712	Female	2000	1	1	661	2016-11-21	2016-11-21
23581	Male	2000	1	1	464	2016-12-30	2016-12-30
23611	Male	2000	1	1	988	2016-05-12	2016-05-12
23641	Male	2000	1	1	562	2016-09-24	2016-09-24
24061	Male	2000	1	1	281	2016-11-15	2016-11-15
24222	Female	2000	1	1	351	2016-10-24	2016-10-24
24701	Male	2000	1	1	124	2016-09-24	2016-09-24

共 5000 条　< 1 2 3 … 100 > 50条/页 ∨

图5-27　查询用户骑行相关指标宽表是否计算成功

步骤二：实现站点主题聚合计算

从本任务准备中，可以了解需要进行计算的数据分别存储在 "x_class" 数据库中的 "jx22x41_p7_dwd_order_info"、"jx22x41_p7_dwd_station_info" 及 "jx22x41_p7_dwd_user_info" 数据表中。

在这 3 个数据表中，与站点主题有关系的数据表分别是 "jx22x41_p7_dwd_order_info"

及"jx22x41_p7_dwd_station_info"，因此输入如下代码对站点维度表中的数据进行查询：

```
USE x_class;
--查询站点维度表中的数据
SELECT * FROM jx22x41_p7_dwd_station_info;
```

编写完代码后保存并执行，若能够成功返回数据集，则表示查询成功，运行结果如图 5-28 所示。

station_id	station_name	latitude	longitude
100	Orleans St & Merchandise Mart Plaza	41.888243	-87.63639
101	63rd St Beach	41.78101637	-87.57611976
102	Stony Island Ave & 67th St	41.7734585	-87.58533974
103	Clinton St & Polk St	41.87146652	-87.64094913
106	State St & Pearson St	41.897448	-87.628722
107	Desplaines St & Jackson Blvd	41.878287	-87.643909
108	Halsted St & Polk St	41.87184	-87.64664
109	900 W Harrison St	41.874675	-87.650019
11	Jeffery Blvd & 71st St	41.76663824	-87.57645011
110	Dearborn St & Erie St	41.893992	-87.629319

共571条　< 1 2 3 … 12 > 50条/页 ∨

图5-28　查询站点维度表中的数据

从上一步骤的返回结果集中可以观察到，站点维度表有以下字段属性，如表 5-10 所示。其中，订单事实表和站点维度表之间可以通过站点维度表中的"station_id"字段与订单事实表中的"from_station_id"字段和"to_station_id"字段进行相关联。

表5-10　站点维度表的字段属性

字　段　名　称	含　　　义	字　段　名　称	含　　　义
station_id	站点 ID	latitude	纬度
station_name	站点名称	longitude	经度

从表 5-10 中还可以观察到，站点维度表中的经纬度信息分为两个字段并不适合展示输出，因此需要将纬度字段和经度字段提前进行合并，可以使用"point(纬度,经度)"进行合并。

创建 hql 节点，并重命名为"combine"，打开该节点并输入如下代码：

```
USE bigdata_dw;
--创建数据表，用于存储合并经纬度信息的结果
CREATE TABLE IF NOT EXISTS bigdata_dw.dwd_station_info AS
SELECT
    station_id, station_name,
    --将经纬度信息合并为"point(纬度,经度)"的形式
    CONCAT('point(', latitude, ',', longitude, ')') AS station_location
FROM x_class.jx22x41_p7_dwd_station_info;
```

输入代码后保存并运行，若运行成功则表示代码无异常。为了检验是否正确合并经度

纬度信息，切换到"observe_hive"节点，注释当前所有代码并输入如下代码查询：

```
--查询指标关联结果
SELECT * FROM bigdata_dw.dwd_station_info;
```

若能成功返回带有数据的结果集，并且经纬度信息为"point(纬度,经度)"的形式，则表示合并成功，运行结果如图 5-29 所示。

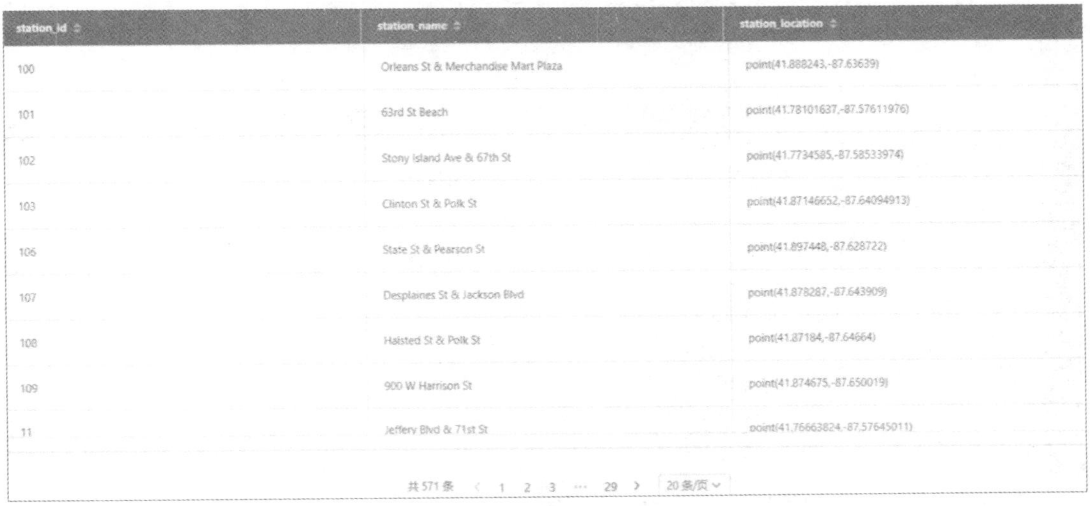

station_id	station_name	station_location
100	Orleans St & Merchandise Mart Plaza	point(41.888243,-87.63639)
101	63rd St Beach	point(41.78101637,-87.57611976)
102	Stony Island Ave & 67th St	point(41.7734585,-87.58533974)
103	Clinton St & Polk St	point(41.87146652,-87.64094913)
106	State St & Pearson St	point(41.897448,-87.628722)
107	Desplaines St & Jackson Blvd	point(41.878287,-87.643909)
108	Halsted St & Polk St	point(41.87184,-87.64664)
109	900 W Harrison St	point(41.874675,-87.650019)
11	Jeffery Blvd & 71st St	point(41.76663824,-87.57645011)

共 571 条　‹ 1 2 3 … 29 ›　20 条/页 ∨

图5-29　查询指标关联结果是否正确

在本任务描述中，可以了解站点主题的第一个指标是计算站点上午的使用次数，可以通过统计"order_amorpm"字段中值为"AM"的个数来计算站点上午的使用次数。创建 hql 节点，并重命名为"stationam_count"，打开该节点并输入如下代码：

```
USE bigdata_dw;
--创建数据表，用于存储指标计算结果
CREATE TABLE IF NOT EXISTS bigdata_dw.stationam_count AS
--聚合计算站点总使用次数
SELECT a.station_id, COUNT(1) AS station_am_num
FROM (
--查询所有上午出发站点列表
SELECT from_station_id AS station_id
FROM x_class.jx22x41_p7_dwd_order_info
WHERE order_amorpm = 'AM'
--将两份查询结果进行上下合并
UNION ALL
--查询所有上午到站站点列表
SELECT to_station_id AS station_id
FROM x_class.jx22x41_p7_dwd_order_info
WHERE order_amorpm = 'AM'
) a
--按站点 ID 进行分组聚合计算
GROUP BY a.station_id;
```

输入代码后保存并运行，若运行成功则表示代码无异常。为了检验是否正确计算站点上午的使用次数，切换到"observe_hive"节点，注释当前所有代码并输入如下代码查询：

```
--查询站点上午的使用次数指标计算结果
SELECT * FROM bigdata_dw.stationam_count;
```

若能成功返回正确数据集，则表示计算成功，运行结果如图 5-30 所示。

图5-30　查询站点上午的使用次数指标是否计算正确

在本任务描述中，可以了解站点主题的第二个指标是计算站点下午的使用次数，可以通过统计"order_amorpm"字段中值为"PM"的个数来计算站点下午的使用次数。创建 hql 节点，并重命名为"stationpm_count"，打开该节点并输入如下代码：

```
USE bigdata_dw;
--创建数据表，用于存储指标计算结果
CREATE TABLE IF NOT EXISTS bigdata_dw.stationpm_count AS
--聚合计算站点总使用次数
SELECT a.station_id, COUNT(1) AS station_pm_num
FROM (
--查询所有下午出发站点列表
SELECT from_station_id AS station_id
FROM x_class.jx22x41_p7_dwd_order_info
WHERE order_amorpm = 'PM'
--将两份查询结果进行上下合并
UNION ALL
--查询所有下午到站站点列表
SELECT to_station_id AS station_id
FROM x_class.jx22x41_p7_dwd_order_info
WHERE order_amorpm = 'PM'
) a
--按站点 ID 进行分组聚合计算
GROUP BY a.station_id;
```

输入代码后保存并运行，若运行成功则表示代码无异常。为了检验是否正确计算站点下午的使用次数，切换到"observe_hive"节点，注释当前所有代码并输入如下代码查询：

```
--查询站点下午的使用次数指标计算结果
SELECT * FROM bigdata_dw.stationpm_count;
```

若能成功返回正确数据集，则表示计算成功，运行结果如图 5-31 所示。

station_id	station_pm_num
100	2410
101	75
102	13
103	172
106	1036
107	756
108	683
109	495
11	23
110	2138

共555条　‹ 1 2 3 … 12 ›　50条/页∨

图5-31　查询站点下午的使用次数指标是否计算正确

在本任务描述中，可以了解站点主题的第三个指标是计算站点总使用次数，可以按站点分组统计每个站点的总使用次数。接下来创建 hql 节点，并重命名为"stationnum_count"，打开该节点并输入如下代码：

```
USE bigdata_dw;
--创建数据表，用于存储指标计算结果
CREATE TABLE IF NOT EXISTS bigdata_dw.stationnum_count AS
--聚合计算站点总使用次数
SELECT a.station_id, COUNT(1) AS station_num
FROM (
SELECT from_station_id AS station_id
FROM x_class.jx22x41_p7_dwd_order_info
--将两个查询结果进行上下合并
UNION ALL
SELECT to_station_id AS station_id
FROM x_class.jx22x41_p7_dwd_order_info
) a
GROUP BY a.station_id;
```

输入代码后保存并运行，若运行成功则表示代码无异常。为了检验是否正确计算站点总使用次数，切换到"observe_hive"节点，注释当前所有代码并输入如下代码查询：

```
--查询站点总使用次数指标计算结果
SELECT * FROM bigdata_dw.stationnum_count;
```

若能成功返回正确数据集，则表示计算成功，运行结果如图 5-32 所示。

station_id ⊕	station_num ⊕
100	5910
101	234
102	94
103	497
106	3033
107	1788
108	2124
109	1342
11	57
110	6761

共 571 条　 〈　1　2　3　…　12　〉　 50 条/页 ∨

图5-32　查询站点总使用次数是否计算正确

至此，对站点主题的 3 个计算指标都计算完毕。接下来需要将这 3 个计算指标与相对应的站点信息进行关联，整合成一个主题宽表。

创建 hql 节点，并重命名为"dws_station"，打开该节点并输入如下代码：

```
USE bigdata_dw;
--创建数据表，用于存储关联结果
CREATE TABLE IF NOT EXISTS bigdata_dw.dws_station_info AS
SELECT
    o.*, e.station_am_num,
    f.station_pm_num, g.station_num
FROM (
    SELECT * FROM bigdata_dw.dwd_station_info) o
    LEFT JOIN (
        SELECT * FROM bigdata_dw.stationam_count) e
    ON o.station_id = e.station_id
    LEFT JOIN (
        SELECT * FROM bigdata_dw.stationpm_count) f
    ON o.station_id = f.station_id
    LEFT JOIN (
        SELECT * FROM bigdata_dw.stationnum_count) g
    ON o.station_id = g.station_id
```

输入代码后保存并运行，若运行成功则表示代码无异常。为了检验是否正确关联数据表，切换到"observe_hive"节点，注释当前所有代码并输入如下代码查询：

```
--查询站点信息关联指标计算结果
SELECT * FROM bigdata_dw.dws_station_info;
```

若能成功返回正确的数据集，即有 7 个字段分别是"station_id"、"station_name"、"latitude"、"longitude"、"station_am_num"、"station_pm_num"和"station_num"，则表示计算成功，运行结果如图 5-33 所示。

station_id	station_name	latitude	longitude	station_am_num	station_pm_num	station_num
100	Orleans St & Merchandise M art Plaza	41.888243	-87.63639	2410	3500	5910
101	63rd St Beach	41.78101637	-87.57611976	75	159	234
102	Stony Island Ave & 67th St	41.7734585	-87.58533974	13	81	94
103	Clinton St & Polk St	41.87146652	-87.64094913	172	325	497
106	State St & Pearson St	41.897448	-87.628722	1036	1997	3033
107	Desplaines St & Jackson Blvd	41.878287	-87.643909	756	1032	1788
108	Halsted St & Polk St	41.87184	-87.64664	683	1441	2124
109	900 W Harrison St	41.874675	-87.650019	495	847	1342
11	Jeffery Blvd & 71st St	41.76663824	-87.57645011	23	34	57
110	Dearborn St & Erie St	41.893992	-87.629318	2108	4653	6761

共 571 条　〈　1　2　3　…　12　〉　50条/页 ∨

图5-33　查询站点信息关联指标是否计算正确

步骤三：构建工作流

在"observe_hive"节点中，注释当前所有代码并输入如下代码清空操作记录：

```
--删除用户总骑行次数指标数据表
DROP TABLE IF EXISTS bigdata_dw.usernum_count;
--删除计算用户指标数据表
DROP TABLE IF EXISTS bigdata_dw.user_index;
--删除会员主题宽表
DROP TABLE IF EXISTS bigdata_dw.dws_user_info;
--删除合并经纬度信息表
DROP TABLE IF EXISTS bigdata_dw.dwd_station_info;
--删除站点上午的使用次数指标数据表
DROP TABLE IF EXISTS bigdata_dw.stationam_count;
--删除站点下午的使用次数指标数据表
DROP TABLE IF EXISTS bigdata_dw.stationpm_count;
--删除站点总使用次数指标数据表
DROP TABLE IF EXISTS bigdata_dw.stationnum_count;
--删除站点主题宽表
DROP TABLE IF EXISTS bigdata_dw.dws_station_info;
```

运行代码后，为了检验是否正确删除所指定的数据表，注释当前所有代码并输入如下代码对数据表进行查询：

```
USE bigdata_dw;
SHOW TABLES;
```

输入代码后保存并运行，若返回结果中不包含刚才删除的数据表名，则表示成功删除数据表，最后删除"observe_hive"节点。

创建用于查询最后结果的 hql 节点，并重命名为"select_all"，再输入如下查询代码：

```
USE bigdata_dw;
--查询会员主题宽表是否计算成功
SELECT * FROM bigdata_dw.dws_user_info;
--查询站点主题宽表是否计算成功
SELECT * FROM bigdata_dw.dws_station_info;
```

在工作流页面中，将鼠标指针悬浮在各节点上，使用连线将各节点进行连接，连接顺序如下。

（1）"usernum_count"。

（2）"user_index"。

（3）"dws_user"。

（4）"combine"。

（5）"stationam_count"。

（6）"stationpm_count"。

（7）"stationnum_count"。

（8）"dws_station"。

（9）"select_all"。

保存节点内容，返回工作流页面，分别单击"保存"按钮和"执行"按钮。等待工作流执行完毕，若全部节点执行正常，则表示所有代码均无误，运行结果如图 5-34 所示。

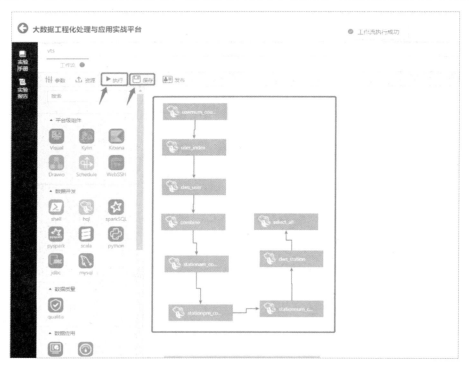

图5-34 工作流执行顺序

打开"select_all"节点并执行该节点，若执行后返回两个结果集，可以通过单击"结果集 1"下拉按钮切换结果集。若各结果集均正常显示数据，则表示数据计算成功，运行结果如图 5-35、图 5-36 所示。

user_id	gender	birth_year	type_id	ride_num	user_duration	first_date	last_date
22471	Male	2000	1	1	730	2016-10-07	2016-10-07
22582	Female	2000	1	1	688	2016-11-17	2016-11-17
22641	Male	2000	1	1	666	2016-07-27	2016-07-27
22712	Female	2000	1	1	661	2016-11-21	2016-11-21
23581	Male	2000	1	1	464	2016-12-30	2016-12-30
23611	Male	2000	1	1	988	2016-05-12	2016-05-12
23641	Male	2000	1	1	562	2016-09-24	2016-09-24
24061	Male	2000	1	1	281	2016-11-15	2016-11-15
24222	Female	2000	1	1	351	2016-10-24	2016-10-24

结果集1　　　　共5000条 < 1 2 3 … 100 > 50条/页∨

图5-35　查询会员主题宽表是否计算成功

station_id	station_name	station_location	station_am_num	station_pm_num	station_num
100	Orleans St & Merchandise Mart Plaza	point(41.888243,-87.63639)	2410	3500	5910
101	63rd St Beach	point(41.78101637,-87.57611976)	75	159	234
102	Stony Island Ave & 67th St	point(41.7734585,-87.58533974)	13	81	94
103	Clinton St & Polk St	point(41.87146652,-87.64094913)	172	325	497
106	State St & Pearson St	point(41.897448,-87.628722)	1036	1997	3033
107	Desplaines St & Jackson Blvd	point(41.878287,-87.643909)	756	1032	1788
108	Halsted St & Polk St	point(41.87184,-87.64664)	683	1441	2124
109	900 W Harrison St	point(41.874675,-87.650019)	495	847	1342
11	Jeffery Blvd & 71st St	point(41.76663824,-87.57645011)	23	34	57

结果集1　　　　共571条 < 1 2 3 … 12 > 50条/页∨

图5-36　查询站点主题宽表是否计算成功

最后，为了避免存储大量数据造成系统资源的浪费，需要将刚才创建的数据表删除。创建一个名为"drop_all"的 hql 节点，再输入如下代码清空创建好的所有数据表：

```
--删除用户总骑行次数指标数据表
DROP TABLE IF EXISTS bigdata_dw.usernum_count;
--删除计算用户指标数据表
DROP TABLE IF EXISTS bigdata_dw.user_index;
--删除会员主题宽表
DROP TABLE IF EXISTS bigdata_dw.dws_user_info;
--删除合并经纬度信息表
```

```
DROP TABLE  IF EXISTS bigdata_dw.dwd_station_info;
--删除站点上午的使用次数指标数据表
DROP TABLE  IF EXISTS bigdata_dw.stationam_count;
--删除站点下午的使用次数指标数据表
DROP TABLE  IF EXISTS bigdata_dw.stationpm_count;
--删除站点总使用次数指标数据表
DROP TABLE  IF EXISTS bigdata_dw.stationnum_count;
--删除站点主题宽表
DROP TABLE  IF EXISTS bigdata_dw.dws_station_info;
```

运行代码后，为了检验数据表是否真的被全部删除，注释当前所有代码并输入如下代码查询当前 bigdata_dw 数据库是否还存在 "usernum_count"、"user_index"、"dws_user_info"、"dwd_station_info"、"stationam_count"、"stationpm_count"、"stationnum_count" 和 "dws_station_info" 数据表。

```
USE bigdata_dw;
SHOW TABLES;
```

运行代码后，如果返回的数据列表中不存在刚才删除的数据表，则表示成功删除数据表。

【任务小结】

在本次任务中，读者需要使用 Hive 工具，运用上一个任务清洗后的数据，进行聚合计算和关联计算，并通过表关联的方式将数据汇总。通过学习本任务，读者可以巩固字段合并、聚合函数、数据分组等知识。

【任务拓展】

基于本项目的业务场景和原始数据，请尝试实现以下任务。

（1）使用 Hive 工具为每个用户统计出行频次和地点偏好，为了实现用户足迹功能，试着计算每个用户首次出发和最近到达的站点名称。

（2）为了分析本市居民上班的热门区域，试着统计每个站点在上午 8 点时作为出发站点、在下午 6 点作为到达站点的次数之和。

任务三　派生共享单车数据

【能力目标】

通过本任务的教学，读者理解相关知识之后，应达到以下能力目标。

- 根据关联计算的数据及数据特征，能编写脚本进行数据聚合结果分析并设计数据标签，创建各主题标签库。
- 根据不同主题的标签，能编写脚本，对关联计算数据集中的数据，编写标签计算脚本并进行标签派生，获得含属性标签的数据集。
- 根据已标签数据集，能根据主题编写脚本划分数据表，创建业务主题数据表。
- 根据主题数据表的业务需求，能使用脚本方式将同主题指标、维度、属性均关联的数据集进行数据组织，获得符合业务主题的宽表。

【任务描述与要求】

任务描述：

数据集经过计算之后，原本分散的数据完成了关联整合，同时统计出包括出行频率、热门地点等一系列数据指标。可以根据这些数据指标设计标签，从而帮助相关业务部门了解每个会员的用户价值、地点偏好及各个站点的使用频次。最后将贴标后的数据进行数据组织，生成符合业务主题的宽表。

任务要求：

- 能够根据现有的数据表，设计至少 3 个数据标签。
- 能够使用 Hive，实现至少 3 个数据标签的贴标操作。
- 能够使用 Hive，根据主题数据表的业务需求，将数据标签加载到相应主题的宽表中。

【任务资讯】

数据标签根据类型可以划分为统计类、规则类、算法类 3 种。数据派生是指规则类和算法类标签的实现。如图 5-37 所示，表示了 3 种类型标签的相互关系。

图5-37　3种类型标签的相互关系

统计类标签是指通过统计相关数值、客观描述状态的标签，如用户信息、近一个月登录次数、累计消费金额等。这类标签是三者中最基础的一种，为规则类标签和算法类标签提供了数据基础。

规则类标签是指根据业务运营上的需求，在业务层面指定规则的标签。这类标签会带有一些人为主观判断的因素，因此在开发之前需要先进行调查，与有关业务部门确认指定的规则是否合适。例如，确认某个用户是否是活跃用户，张三认为近 30 日登录次数超过 5 次的用户都属于活跃用户；而李四则认为一周内连续登录 3 次的用户都属于活跃用户。因此，如果规则类标签没有与业务部门沟通，那么贴标的结果是毫无意义的。

算法类标签是指应用算法挖掘用户相关特征，从而推测用户的男女性别等信息。由于算法类标签需要积累一定的用户特征库，且参数调优和工程化调度较为复杂，因此本项目不进行具体体现。

【任务计划与决策】

1．标签设计

由于本数据经过清洗计算后得到了两个计算汇总表，分别涵盖了用户信息和站点信息，因此本任务可围绕用户和站点两个主题进行标签设计。对于用户数据标签，可以利用任务二计算出的骑行时长、次数、骑行地点等信息，设计用于标记用户行为和地点偏好的标签。而对于站点标签，则可以利用任务二计算出的站点使用情况，设计站点热度、重点维护站点等标签。

2．数据贴标

一般来说，规则类标签需要与业务部门沟通确认后，才能确定其定义规则。但有可能面临业务部门需求不明确或无法给出建设性意见的情况，那么此时只能通过数据观察，找出能代表计算数值比例的阈值用于定义标签的规则。例如，通过观察任务二的运行结果，可以得出 TOP10 的站点其使用次数均大于 5000 次，那么"使用次数是否大于 5000 次"就可以用于判断一个站点是否是热门站点。

3．数据组织

由于统计类标签在任务二中已计算完成，可直接进行关联。为减少语句的复杂度，首先需要将计算的标签结果创建为临时表，并在 APP 库的 DM 层中创建业务主题对应的宽表，然后将贴标后的数据集以关联的方式进行数据组织。

【任务实施】

根据任务计划与决策的内容，可以推导出如下所示的操作流程。

- 对用户数据表的建表信息进行观察，并对目标字段处理判断，进而将同主题的数据集进行组织，以获得指标、维度、属性均关联的主题宽表。
- 对站点数据表的建表信息进行观察，并对目标字段处理判断，进而将同主题的数据集进行组织，以获得指标、维度、属性均关联的主题宽表。
- 清空操作记录，使用连线按照实验流程进行连接，并查询最终执行情况。

具体实施步骤如下。

步骤一：实现用户主题派生

需要进行派生的数据分别存储在"x_class"数据库中的"jx22x41_p7_dws_station_info"及"jx22x41_p7_dws_user_info"数据表中，为了观察数据的格式及监控每个派生步骤的效果，预先在工作流页面创建 hql 节点，并重命名为"observe_hive"。

打开"observe_hive"节点，输入如下代码对用户主题数据表的建表信息进行查询：

```
USE x_class;
--查询用户主题数据表建表信息
SHOW CREATE TABLE jx22x41_p7_dws_user_info;
```

编写完代码后保存并运行，若返回结果为建表语句，则表示查询成功，运行结果如图 5-38 所示。

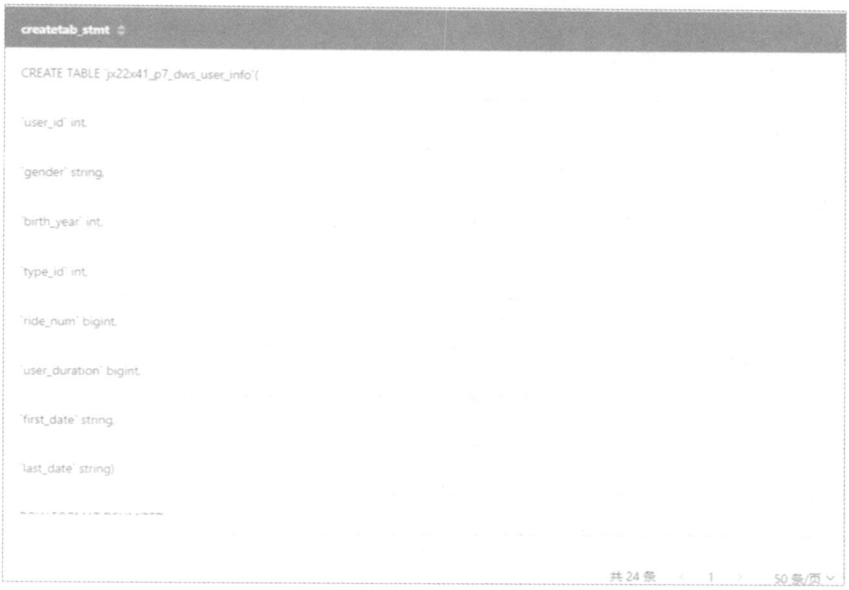

图5-38　查询用户主题数据表的建表信息

从上一步骤的返回结果可以观察到，用户主题数据表有以下字段属性，如表 5-11 所示。

表 5-11　用户主题数据表的字段属性

字 段 名 称	含 义
user_id	用户 ID
gender	性别
birth_year	出生年份
type_id	用户类型编号
ride_num	总骑行次数
user_duration	用户累计骑行时长
first_date	用户首次骑车日期
last_date	用户最近骑车日期

结合以上用户主题数据表，分析人员及业务人员协商确定后，给出以下规则类标签，如表 5-12 所示。

表 5-12　规则类标签

标 签 名 称	英 文 字 段	标 签 值	一 级 归 类
老用户	old_user	1	用户活跃度
新用户		0	用户活跃度
高价值流失用户	lost_user	2	用户活跃度
低价值流失用户		1	用户活跃度
非流失用户		0	用户活跃度

两对规则类标签，分别是"新/老用户"及"高/低价值流失用户"。如果一个用户的首次骑行日期为 2016 年以后，则该用户为新用户，否则为老用户；而最后一次骑行日期在 2016 年以前的用户则被定义为流失用户，其中如果累计订单超过 15 次则为高价值流失用户，否则为低价值流失用户。

根据以上规则标签定义并结合数据表，针对两对标签，可以分析得出以下结论。

（1）"新/老用户"规则标签可以通过对"first_date"字段进行处理判断。在 2016 年以前创建的用户被称则为老用户，将"old_user"字段赋值为 1；在 2016 年以后创建的用户，被称为新用户，将"old_user"字段赋值为 0。

（2）"高/低价值流失用户"标签可以通过对"last_date"字段进行处理判断。若时间为 2016 年以后，则为非流失用户，将"lost_user"字段赋值为 0；若时间为 2016 年以前，并且"ride_num"字段用户总骑行次数大于 15 次的为高价值流失用户，将"lost_user"字段赋值为 2；若时间为 2016 年以前，并且"ride_num"字段用户总骑行次数小于 15 次的为低价值流失用户，将"lost_user"字段赋值为 1。

根据以上结论，接下来使用 Hive 进行相应的操作。创建 hql 节点，并重命名为"create_user_index"，打开该节点并输入如下代码：

```
USE bigdata_dw;
--创建数据表，用于存储计算结果
CREATE TABLE IF NOT EXISTS bigdata_dw.user_index AS
```

```
SELECT
    --获取用户 ID 作为主键
    user_id,
    --处理并判断新老用户类型
    IF(SUBSTR(first_date, 1, 4) = '2016', 1, 0) AS old_user,
    --处理并判断流失用户类型
    IF(SUBSTR(first_date, 1, 4) >= 2016, 0, IF(ride_num >= 15, 2, 1)) AS lost_user
FROM x_class.jx22x41_p7_dws_user_info;
```

　　输入代码后保存并运行，若运行成功则表示代码无异常。为了检验是否正确计算用户
指标，切换到"observe_hive"节点，注释当前所有代码并输入如下代码查询：

```
--查询用户指标计算结果
SELECT * FROM bigdata_dw.user_index;
```

　　若能成功返回正确数据集，则表示计算成功，运行结果如图 5-39 所示。

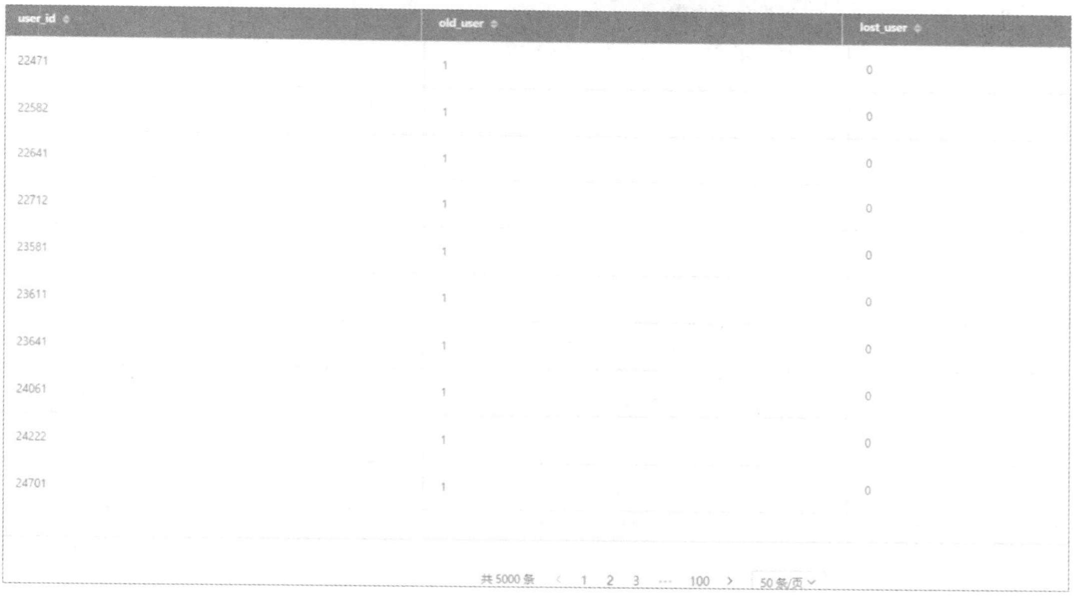

user_id	old_user	lost_user
22471	1	0
22582	1	0
22641	1	0
22712	1	0
23581	1	0
23611	1	0
23641	1	0
24061	1	0
24222	1	0
24701	1	0

共5000 条　〈　1　2　3　…　100　〉　50条/页 ∨

图5-39　查询用户指标计算结果

　　在计算出"新/老用户"规则标签及"高/低价值流失用户"标签数据之后，接着需要将
同主题的数据集进行组织，以获得指标、维度、属性均关联的主题宽表。创建 hql 节点，
并重命名为"create_dm_user"，打开该节点并输入如下代码：

```
--进入 APP 数据层
USE bigdata_app;
--创建数据表，用于存储计算结果
CREATE TABLE IF NOT EXISTS bigdata_app.dm_user_info AS
SELECT
    --用户宽表与规则指标关联
    o.*,a.old_user,a.lost_user
FROM(
    SELECT * FROM x_class.jx22x41_p7_dws_user_info)o
LEFT JOIN(
```

```
    SELECT * FROM bigdata_dw.user_index)a
--根据用户ID进行关联
ON o.user_id=a.user_id;
```

输入代码后保存并运行，若运行成功则表示代码无异常。为了检验是否正确进行数据组织，切换到"observe_hive"节点，注释当前所有代码并输入如下代码查询：

```
--查询数据组织结果
SELECT * FROM bigdata_app.dm_user_info;
```

若返回结果中有 10 个字段及数据，并且字段名称分别是"user_id"、"gender"、"birth_year"、"type_id"、"ride_am_num"、"ride_pm_num"、"ride_num"、"user_duration"、"first_date"、"last_date"、"old_user 及 lost_user"，则表示该主题的数据派生正确，运行结果如图 5-40 所示。

user_id	gender	birth_year	type_id	ride_num	user_duration	first_date	last_date	old_user	lost_user
22471	Male	2000	1	1	730	2016-10-07	2015-10-07	1	0
22582	Female	2000	1	1	688	2016-11-17	2016-11-17	1	0
22641	Male	2000	1	1	666	2016-07-27	2016-07-27	1	0
22712	Female	2000	1	1	661	2016-11-21	2016-11-21	1	0
23581	Male	2000	1	1	464	2016-12-30	2016-12-30	1	0
23611	Male	2000	1	1	988	2016-05-12	2016-05-12	1	0
23641	Male	2000	1	1	562	2016-09-24	2016-09-24	1	0
24061	Male	2000	1	1	281	2016-11-15	2016-11-15	1	0
24222	Female	2000	1	1	351	2016-10-24	2016-10-24	1	0

共 5000 条　1　2　3　…　100　＞　50条/页 ∨

图5-40　查询数据组织结果

步骤二：实现站点主题派生

关于站点主题的数据表是"jx22x41_p7_dws_station_info"，为了观察数据表结构及字段信息，打开"observe_hive"节点，输入如下代码对站点主题数据表的建表信息进行查询：

```
USE x_class;
--查询站点主题数据表建表信息
SHOW CREATE TABLE jx22x41_p7_dws_station_info;
```

编写完代码后保存并运行，若返回结果为建表语句，则表示查询成功，运行结果如图 5-41 所示。

图5-41　查询站点主题数据表的建表信息

从上一步骤的返回结果可以观察到，站点主题数据表有以下字段属性，如表 5-13 所示。

表5-13　站点主题数据表的字段属性

字 段 名 称	含 义
station_id	站点 ID
station_name	站点名称
station_location	站点位置
station_am_num	站点上午使用次数指标
station_pm_num	站点下午使用次数指标
station_num	站点总使用次数指标

结合以上站点主题数据表，分析人员及业务人员协商确定后，给出以下规则类标签，如表 5-14 所示。

表 5-14　站点规则类标签

标 签 名 称	英 文 字 段	标 签 值	一 级 归 类
热门站点	top_station	2	站点热度
普通站点	top_station	1	站点热度
低频站点	top_station	0	站点热度
上午派车	putcar_time	0	站点投放
下午派车	putcar_time	1	站点投放

在"站点热度"规则类标签中，若站点的总使用次数超过 5000 次，则该站点为热门站点，若站点的总使用次数小于 100 次，则该站点为低频站点，若站点的总使用次数大于或等于 100 次且小于或等于 5000 次，则该站点为普通站点。

在"站点投放"规则类标签中，若站点上午的使用次数大于下午的使用次数，则该站点在上午派车；若站点上午的使用次数小于下午的使用次数，则该站点在下午派车。

根据上文可知，"热门站点/低频站点"规则标签可以通过"station_num"字段进行判断，若该字段的值大于5000，则该站点为热门站点，并将"top_station"字段赋值为2；若该字段的值小于或等于5000且大于或等于100，则该站点为普通站点，并将"top_station"字段赋值为1；若该字段的值小于100，则该站点为低频站点，并将"top_station"字段赋值为0。

"站点投放"规则标签可以通过"station_am_num"字段及"station_pm_num"字段进行判断，若"station_am_num"字段的值大于"station_pm_num"字段的值，则将"putcar_time"字段赋值为0；若"station_am_num"字段小于"station_pm_num"字段的值，则将"putcar_time"字段赋值为1。

接下来，使用Hive进行相应的操作。创建hql节点，并重命名为"create_station_index"，打开该节点并输入如下代码：

```
USE bigdata_dw;
--创建数据表，用于存储计算结果
CREATE TABLE bigdata_dw.station_index AS
SELECT
    --获取站点ID
    station_id,
    --处理并判断是否为热门站点
    IF(station_num > 5000, 1, 0) AS top_station,
    --处理并判断站点适合派车的时间
    IF(station_am_num > station_pm_num, 0, 1) AS putcar_time
FROM x_class.jx22x41_p7_dws_station_info;
```

输入代码后保存并运行，若运行成功则表示代码无异常。为了检验是否正确计算站点指标，切换到"observe_hive"节点，注释当前所有代码并输入如下代码查询：

```
--查询站点指标计算结果
SELECT * FROM bigdata_dw.station_index;
```

若能成功返回正确数据集，则表示计算成功，运行结果如图5-42所示。

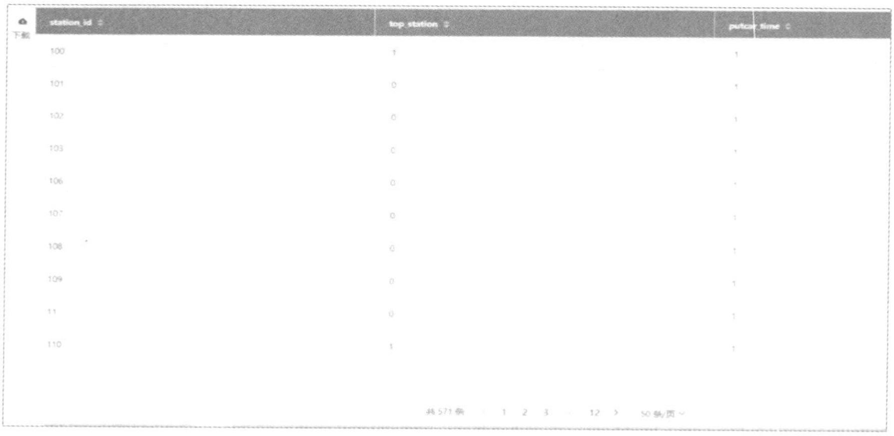

图5-42 查询站点指标计算结果

在计算出"热门站点"规则标签之后，接着需要将同主题的数据集进行组织，以获得指标、维度、属性均关联的主题宽表。创建 hql 节点，并重命名为"create_dm_station"，再打开该节点并输入如下代码：

```
USE bigdata_app;
--创建数据表，用于存储计算结果
CREATE TABLE bigdata_app.dm_station_info AS
SELECT
    --站点宽表与规则指标关联
    o.*,b.top_station,b.putcar_time
FROM(
    SELECT * FROM x_class.jx22x41_p7_dws_station_info)o
LEFT JOIN(
    SELECT * FROM bigdata_dw.station_index)b
--根据站点 ID 进行关联
ON o.station_id=b.station_id
```

输入代码后保存并运行，若运行成功则表示代码无异常。为了检验是否正确进行站点数据组织，切换到"observe_hive"节点，注释当前所有代码并输入如下代码查询：

```
--查询站点数据组织结果
SELECT * FROM bigdata_app.dm_station_info;
```

若返回结果中有 7 个字段及数据，并且字段名称分别是"station_id"、"station_name"、"station_location"、"station_am_num"、"station_pm_num"、"station_num"、"top_station"及"putcar_time"，则表示该主题的数据派生正确，运行结果如图 5-43 所示。

station_id	station_name	station_location	station_am_num	station_pm_num	station_num	top_station	putcar_time
100	Orleans St & Merchandise Mart Plaza	point(41.888243,-87.63639)	2410	3500	5910	1	1
101	63rd St Beach	point(41.78101637,-87.57611976)	75	159	234	0	1
102	Stony Island Ave & 67th St	point(41.7734585,-87.58533974)	13	81	94	0	1
103	Clinton St & Polk St	point(41.87146662,-87.64094913)	172	325	497	0	1
106	State St & Pearson St	point(41.897448,-87.628722)	1036	1997	3033	0	1
107	Desplaines St & Jackson Blvd	point(41.878287,-87.643909)	756	1032	1788	0	1
108	Halsted St & Polk St	point(41.87184,-87.64664)	683	1441	2124	0	1
109	900 W Harrison St	point(41.874675,-87.650019)	495	847	1342	0	1
11	Jeffery Blvd & 71st St	point(41.76663824,-87.57645011)	23	34	57	0	1
110	Dearborn St & Erie St	point(41.893992,-87.629318)	2108	4653	6761	1	1

图5-43　查询站点数据组织结果

步骤三：构建工作流

在"observe_hive"节点中，注释当前所有代码并输入如下代码清空操作记录：

```
--删除用户指标表、会员主题宽表、站点指标表及站点主题宽表
DROP TABLE  IF EXISTS bigdata_dw.user_index;
DROP TABLE  IF EXISTS bigdata_app.dm_user_info;
DROP TABLE  IF EXISTS bigdata_dw.station_index;
```

```
DROP TABLE  IF EXISTS bigdata_app.dm_station_info;
```

运行代码后，为了检验是否正确删除所指定的数据表，注释当前所有代码并输入如下代码查询：

```
USE bigdata_dw;
SHOW TABLES;
USE bigdata_app;
SHOW TABLES;
```

保存并运行代码，若返回结果中不包含刚才删除的数据表名，则表示成功删除数据表，最后删除"observe_hive"节点。

创建用于查询最后结果的 hql 节点，并重命名为"select_all"，再输入如下代码查询：

```
USE bigdata_app;
--查询会员主题宽表是否计算成功
SELECT * FROM dm_user_info;
--查询站点主题宽表是否计算成功
SELECT * FROM dm_station_info;
```

在工作流页面中，将鼠标指针悬浮在各节点上，使用连线将各节点进行连接。保存节点内容，返回工作流页面，分别单击"保存"按钮和"执行"按钮。等待工作流执行完毕之后，若全部节点运行正常，则表示所有代码均无误，结果如图 5-44 所示。

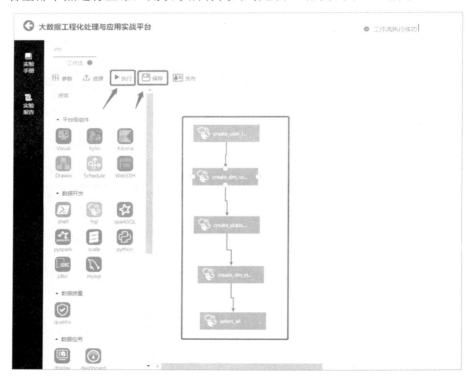

图5-44　工作流执行顺序

打开"select_all"节点，并运行该节点，若运行结果返回两个结果集，通过单击"结果集 1"下拉按钮可以切换结果集，各结果集均正常显示数据，则表示数据派生成功，运行结果如图 5-45、图 5-46 所示。

user_id	gender	birth_year	type_id	ride_num	user_duration	first_date	last_date	old_user	lost_user
22471	Male	2000	1	1	730	2016-10-07	2016-10-07	1	0
22582	Female	2000	1	1	688	2016-11-17	2016-11-17	1	0
22641	Male	2000	1	1	666	2016-07-27	2016-07-27	1	0
22712	Female	2000	1	1	661	2016-11-21	2016-11-21	1	0
23581	Male	2000	1	1	464	2016-12-30	2016-12-30	1	0
23611	Male	2000	1	1	988	2016-05-12	2016-05-12	1	0
23641	Male	2000	1	1	562	2016-09-24	2016-09-24	1	0
24061	Male	2000	1	1	281	2016-11-15	2016-11-15	1	0
24222	Female	2000	1	1	351	2016-10-24	2016-10-24	1	0

图5-45　查询会员主题宽表是否计算成功

station_id	station_name	station_location	station_am_num	station_pm_num	station_num	top_station	putcar_time
100	Orleans St & Merchandise Mart Plaza	point(41.888243,-87.63639)	2410	3500	5910	1	1
101	63rd St Beach	point(41.78101637,-87.57611976)	75	159	234	0	1
102	Stony Island Ave & 67th St	point(41.7734585,-87.58533974)	13	81	94	0	1
103	Clinton St & Polk St	point(41.87146652,-87.64094913)	172	325	497	0	1
106	State St & Pearson St	point(41.897448,-87.628722)	1036	1997	3033	0	1
107	Desplaines St & Jackson Blvd	point(41.878297,-87.643909)	756	1032	1788	0	1
108	Halsted St & Polk St	point(41.87184,-87.64664)	683	1441	2124	0	1
109	900 W Harrison St	point(41.874675,-87.650019)	495	847	1342	0	1
111	Jeffery Blvd & 71st St	point(41.76663824,-87.5...)	23	34	57	0	1

图5-46　查询站点主题宽表是否计算成功

最后，为了避免存储大量数据造成系统资源的浪费，需要将刚才创建的数据表删除。创建一个名为"drop_all"的 hql 节点，再输入如下代码清空创建好的所有数据表：

```
--删除用户指标表
DROP TABLE  IF EXISTS bigdata_dw.user_index;
--删除会员主题宽表
DROP TABLE  IF EXISTS bigdata_app.dm_user_info;
--删除站点指标表
DROP TABLE  IF EXISTS bigdata_dw.station_index;
--删除站点主题宽表
DROP TABLE  IF EXISTS bigdata_app.dm_station_info;
```

为了检验数据表是否被全部删除，注释当前所有的代码并输入如下代码查询当前 bigdata_dw 数据库是否还存在"user_index"及"station_index"数据表，查询当前 bigdata_app

数据库是否还存在"dm_user_info"及"dm_station_info"数据表。

```
USE bigdata_dw;
SHOW TABLES;
USE bigdata_app;
SHOW TABLES;
```

运行代码后，如果返回的数据列表中不存在"user_index"、"dm_user_info"、"station_index"及"dm_station_info"数据表，则表示成功删除数据表。

【任务小结】

在本次任务中，读者需要使用 Hive 工具，运用上一个任务中计算的结果，设计并实现标签派生，最后根据不同的主题划分进行数据组织，形成数据宽表。通过学习本任务，读者可以巩固标签设计、表关联等知识。

【任务拓展】

基于本项目的业务场景和原始数据，请尝试实现以下任务。

（1）任务三设计并实现了新老用户、流失用户等标签，但在实际业务场景中往往需要判断一个用户的活跃度情况，试着设计并实现用户活跃度标签。

（2）请试着设计一套标签规则，将热门站点标签细分为上午时段热门站点和下午时段热门站点。

第三篇

大数据工程化应用

大数据无处不在，它应用于各个行业，包括金融、互联网、交通、制造业、公共管理、能源和娱乐等。

数据应用由来已久，从发展特点和趋势来看，对数据分析及查询的需求正在与日俱增。对检索速度的要求，以及对数据展示效果、数据交互效果的新需求都在不断影响着传统数据行业的发展趋势。

随着大数据技术的广泛普及和成熟发展，大数据应用已经成为行业热点。联机分析及数据决策报表都融入了大数据技术，给传统行业带来新的生机与活力。

项目六
基于 Kylin 的出租车数据应用

【引导案例】

　　交通是指人或机动车、非机动车、飞机、航船等运载工具所形成的流动，是最为活跃和普遍的人类社会活动。交通在为人类生活带来便利的同时，也产生了一系列新的问题，如交通拥堵、交通事故、空气污染等。如何有效改善交通状况，已成为当今社会的热点问题。而大数据的出现与发展，为这一问题提供了一个新的解决方案。随着移动设备和全球定位系统的发展，在交通过程中产生的数据已经能够被较为及时、全面地采集。

　　出租车作为一种重要的出行工具，交管部门每年都要针对出租车市场和道路拥堵情况进行大数据分析工作，用于指导城市出租车政策的制定。而出租车公司也同样需要通过这些数据了解本公司出租车司机的营运效率和服务质量，因此出租车数据报表无论是对政府还是对企业而言，都是非常重要的决策支持。某出租车公司计划利用政府提供的相关数据，搭建一套数据监测平台，要求能够将每日的投放量、利润等数据以报表形式快速展示出来。

　　传统的做法是将不同计算指标的结果导入业务数据库进行展示。但是出租车报表系统通过选取日期、车牌等条件，可以组合出数量极多的计算指标。在这种场景下，将这些计算指标全部提前计算好并导入业务数据库显然并不是一个好方法。那么应该如何实现出租车数据的快速查询呢？

任务一 联机分析处理

【能力目标】

通过本任务的教学，读者理解相关知识之后，应达到以下能力目标。

- 根据数据表结构及特征，能编写脚本，基于现有的事实表，创建维度表，获得符合分析需求的基础数据表结构。
- 根据事实表及维度表，在指定项目中选择数据的加载方式，配置数据仓库中的事实表及维度表的字段信息，获得符合业务分析需求的模型。
- 根据配置完成的模型，以查看表格的形式或可视化的方式进行模型验证，对模型进行修改和调试，获得修改后的模型。
- 根据修改后的模型，创建并使用数据立方，编写条件查询语句进行数据查询，查询目标数据并存储。

【任务描述与要求】

任务描述：

数据处理人员已经将出租车数据进行了清洗操作，并以 ORC 格式存储在数据仓库 Hive 的 DW 层中。该数据包括一个订单事实表和一个地区信息维度表，存储了本市从 2013 年 1 月 31 日至 2016 年 10 月 31 日的出租车行驶记录。为了实现秒级查询，该公司决定使用 OLAP 工具 Kylin 对其进行即席计算，并保存查询结果。在技术预研阶段，项目经理计划通过 Kylin，提供以下几个计算指标数据助力公司发展战略。

- 统计 2015 年全市所有出租车运营公司每个月的盈利情况。
- 任选某一周，统计这一周本市居民每天乘坐出租车出行的频率情况。
- 任选某一天，统计当天各个时段出租车的投放量和热门地区。

任务要求：

- 根据任务要求，对数据进行合理的改造，以满足周期性数据分析需求。
- 选择合适的维度及度量，创建模型和数据立方。
- 编写 SQL 语句对各个计算指标进行即席查询。

【任务资讯】

1. 出租车的运营时段规则

由于不同时段的客流量不同、司机劳累程度不同，通常来说大部分出租车运营公司都会设置一套出租车的运营时段规则，以便于计费或报表统计，其规则如表 6-1 所示。

表 6-1　出租车的运营时段规则

时 段 名 称	时 段 范 围
早高峰时段	6 点～9 点（不含）
日间平峰时段	9 点～16 点（不含）
晚高峰时段	16 点～19 点（不含）
夜间平峰时段	19 点～23 点（不含）
深夜时段	23 点～6 点（不含）

2. 维度与度量的概念

维度表示观察数据的角度。例如，要分析产品的销售情况，可以选择按类型进行分析，或者按区域进行分析。像这样按某个量分析就构成一个维度，前面的实例就是这两个维度：类型和区域。另外，每个维度还可以有子维度（称为属性），如类型可以有子类型、产品名称、产地、产品质量等属性。

在 Kylin 中，维度分为两种情况：第一种，创建模型时选择的维度表，里面包含了多个维度属性；第二种，在创建数据立方时，从事实表/维度表中选取的维度属性。

度量表示被聚合的统计值，是通过某个角度观察到的变量。当以产地作为维度，产品质量作为度量时，此时得到的结果便是各个产地的产品质量水平。除了字段可以作为度量，字段也可以结合 MAX()函数、MIN()等函数作为度量。

3. Kylin 处理时间维度的方法

在日常生活中，数据的产生与时间密切有关，每一分、每一秒都会产生数据，同样数据分析也离不开时间。可以通过时间维度，统计年产值、季度销量等信息，数据表往往只存在基本的日期信息（如 2019-10-01）。但这样的时间信息不够详细，而且不便于使用，所以需要对这些基础时间信息加以改造，扩展出更多的时间属性，在 Kylin 中通常有以下两种方法。

（1）以日期或时段为主键，创建时间维度表，添加更多的时间属性，如季度、早中晚时段等。

（2）Kylin 自带一系列时间函数，可用于对时间字段进行快速操作。由于预计算的原因，使用这类时间函数对查询速度几乎不会造成影响。Kylin 常用的时间函数及其说明如表 6-2 所示。

表 6-2　Kylin 常用的时间函数及其说明

函 数 名 称	说 明
YEAR(date)	从 date 型数据中提取年份数据，返回类型为 int 型
QUARTER(date)	从 date 型数据中提取季度数据（1～4），返回类型为 int 型
MONTH(date)	从 date 型数据中提取月份数据（1～12），返回类型为 int 型
WEEK(date)	从 date 型数据中提取周数据（1～53），返回类型为 int 型
DAYOFMONTH(date)	从 date 型数据中提取数据，表示日期对应本月第几天（1～31），返回类型为 int 型
DAYOFWEEK(date)	从 date 型数据中提取数据，表示日期对应本周第几天（1～7），返回类型为 int 型

【任务计划与决策】

1. 观察数据

在任务实施中，先对数据进行观察，以便了解数据的格式信息和字段特点。考虑到本任务的目标是实现周期性指标的计算，因此应着重注意数据的时间字段。

2. 数据预处理

Kylin 对 SQL 语法的复杂度支持并不好，因此在数据观察时若发现数据未被完全清洗，则应该先通过 Hive 等工具进行预处理。值得注意的是，以下两种情况虽然不属于脏数据，但也需要进行预处理。

（1）调整日期格式。

Kylin 的标准日期格式是"yyyy-MM-dd HH:mm:ss"，这种日期格式可以直接利用 Kylin 自带的时间函数计算出日期对应的季度、月份等信息。如果日期格式为"20150831"或"08/31/2015"，甚至是 UNIX 时间戳格式，这种情况下就需要在导入之前转化为标准日期格式。

（2）优化时间粒度。

对大部分运营场景而言，粒度至少是小时级别的。如果原始数据的时间粒度是分钟或秒，可以将该时间字段拆解成日期字段和小时字段。而小时粒度将会产生 24 个分组，较高的细化程度难以观察出数据的变化趋势，而计算量的增加也会影响 Kylin 的预计算速度及内存的运算负担。因此粒度也是值得注意的一个要素。

3. 联机分析处理

当确保要导入的数据符合分析需求后，便可进入 Kylin 组件中的相应项目并导入相应的数据。构建一个模型（Model），用来定义事实表、维度表，并将两者进行关联，从而以星形模型或雪花模型的方式组织数据。在此阶段，还需要指定表中所包含的维度、度量、分区、日期等内容。

完成模型的创建之后，还需要进一步缩小预计算的范围，因此将会创建一个数据立方（Cube）用于约束使用的模型和模型中的维度、度量、聚合处理等规则。

4. 结果查询

数据立方的构建需要一定的时间，完成数据立方的构建后，便可以根据【任务描述与要求】中的若干计算指标进行计算，从而完成整个任务。

【任务实施】

根据任务计划与决策的内容，可以推导出如下所示的操作流程。

- 观察订单事实表的字段及属性，使用 Kylin 对目标数据进行处理，并存储处理结果。
- 观察地区维度表的字段及属性，使用 Kylin 对目标数据进行处理，并存储处理结果。
- 使用 Kylin 加载数据源，按步骤及要求配置并创建数据模型，最后保存数据模型。
- 根据任务要求，按照步骤及要求配置并创建数据立方。
- 根据任务要求，依次将目标数据进行聚合计算，将计算结果与预期结果进行对比判断。

具体实施步骤如下。

步骤一：订单事实表预处理

需要进行计算的数据分别存储在 "x_class" 数据库中的 "jx22x41_p8_area" 及 "jx22x41_p8_trip_orc" 数据表中。为了观察数据的格式及监控每个步骤的效果，预先在工作流页面创建 hql 节点，并重命名为 "observe_hive"。

本任务中的出租车 "jx22x41_p8_trip_orc" 订单事实表涵盖了订单产生的时间、地点等字段信息，为了进一步了解订单事实表的字段信息及内容情况，打开 "observe_hive" 节点，再输入如下代码查询：

```
USE x_class;
--查询订单事实表数据内容
SHOW CREATE TABLE jx22x41_p8_trip_orc;
```

保存并运行代码，运行结果中显示的订单事实表的字段名称及其属性如表 6-3 所示，运行结果如图 6-1 所示。

表6-3 订单事实表的数据字段名称及其属性

字 段 名 称	字 段 属 性	字 段 名 称	字 段 属 性
trip_id	每次开始打表计费产生的行程 ID	fare	计费金额
taxi_id	每辆出租车的唯一 ID 标识	tips	小费
trip_start_timestamp	行程开始时间	tolls	通行费
trip_end_timestamp	行程结束时间	extras	附加费
trip_seconds	行程持续时间（秒）	trip_total	总金额
trip_miles	行程里程数（千米）	payment_type	支付方式
pickup_community_area	上车社区/地区	company	出租车公司
dropoff_community_area	下车社区/地区	pickup_centroid_location	上车位置
dropoff_centroid_location	下车位置	passenger_count	乘客人数

```
createtab_stmt ≎

CREATE TABLE `jx22x41_p8_trip_orc`(

  `trip_id` string,

  `taxi_id` string,

  `trip_start_timestamp` string,

  `trip_end_timestamp` string,

  `trip_seconds` int,

  `trip_miles` float,

  `pickup_community_area` int,

  `dropoff_community_area` int,
```

共 34 条 ⟨ 1 ⟩ 50 条/页 ∨

图6-1 查询订单事实表数据内容

由于接下来需要使用 Kylin，根据时间的纬度来统计不同的指标数据，因此观察订单事实数据表中的时间字段，注释当前代码并输入如下代码查看订单事实表中的时间字段：

```
SELECT trip_start_timestamp,trip_end_timestamp FROM
x_class.jx22x41_p8_trip_orc;
```

保存并运行代码，运行成功后将会返回两个时间字段数据：一个是乘客行程开始时间字段数据；另一个是乘客行程结束时间字段数据，运行结果如图 6-2 所示。

trip_start_timestamp	trip_end_timestamp
2016-09-30 23:45:00	2016-09-30 23:45:00
2016-09-30 23:30:00	2016-09-30 23:45:00
2016-09-30 23:30:00	2016-09-30 23:30:00
2016-09-30 23:30:00	2016-09-30 23:30:00
2016-09-30 23:30:00	2016-09-30 23:30:00
2016-09-30 23:15:00	2016-09-30 23:30:00
2016-09-30 23:00:00	2016-09-30 23:15:00
2016-09-30 23:00:00	2016-09-30 23:00:00
2016-09-30 23:00:00	2016-09-30 23:15:00
2016-09-30 23:00:00	2016-09-30 23:15:00

共 5000 条 < 1 2 3 ··· 100 > 50 条/页

图6-2　查询乘客行程开始/结束时间字段

根据本任务描述可以观察到，3 个计算指标只涉及乘客行程开始时间，为了减少数据量，需要对订单事实表进行列裁剪，去除乘客行程结束时间字段。

时间字段的格式为“年-月-日 时:分:秒”，日期部分符合 Kylin 的标准日期格式。在上述 3 个计算指标中可以观察到，所需要统计的时间粒度为月、日及时间段，但时间部分却是秒级粒度，较高的细化程度难以观察出数据的变化趋势，因此接下来需要将订单事实表中的时间字段拆分，拆分出两个字段，一个字段用于记录日期，另一个字段用于记录时间数据。但在对时间字段拆分之前，创建一个名为“create_st”的 hql 节点，输入如下代码在 APP 库中的 ST 层创建新的订单表“st_trip_orc”，字段名称及表结构和存储格式参考原表，但将“乘客行程开始时间”字段拆分为 date 类型的“trip_date”字段和 int 类型的“trip_hour”字段，避免 Kylin 造成性能负担：

```
USE bigdata_app;
--创建对应的数据表
CREATE TABLE IF NOT EXISTS bigdata_app.st_trip_orc(
   trip_id string,
   taxi_id string,
   --拆分后的日期字段及时段字段
   trip_date date,trip_hour int,
   --其他字段
   trip_seconds int,trip_miles float,
   pickup_community_area int,
   dropoff_community_area int,
   fare double,tips float,tolls float,
   extras float,trip_total float,payment_type string,
   company string,pickup_centroid_location string,
   dropoff_centroid_location string,passenger_count int)
```

```
--存储为 ORC 格式的数据字段
STORED AS ORC;
```

输入代码后保存并运行，若运行成功则表示代码无异常。为了检验是否正确创建数据表结构，切换到"observe_hive"节点，注释当前代码并输入如下代码查询：

```
--查询创建数据表结构
DESC bigdata_app.st_trip_orc;
```

输入代码后保存并运行，若运行结果中包含 10 个数据字段，则表示成功创建数据表，运行结果如图 6-3 所示。

col_name ⇕	data_type ⇕	comment ⇕
trip_id	string	
taxi_id	string	
trip_date	date	
trip_hour	int	
trip_seconds	int	
trip_miles	float	
pickup_community_area	int	
dropoff_community_area	int	
fare	double	
tips	float	

共 10 条 〈 1 〉 50 条/页 ∨

图6-3 查询日期处理结果

成功创建数据表之后，根据上一步骤的分析结果，接下来处理出租车"jx22x41_p8_trip_orc"订单事实表。将"trip_start_timestamp"字段拆分成两个字段，分别是"trip_date"日期字段及"trip_hour"时段字段，并将拆分结果插入刚才创建的数据表"bigdata_app.st_trip_orc"中。

创建一个名为"insert_st"的 hql 节点，打开该节点并输入如下代码处理数据表，将处理后的数据插入"bigdata_app.st_trip_orc"数据表：

```
--将处理后的数据插入"bigdata_app.st_trip_orc"数据表中
INSERT OVERWRITE TABLE bigdata_app.st_trip_orc
    SELECT
        trip_id,taxi_id,
        --对行程开始时间字段拆分，拆分出日期字段及时段字段
        SUBSTR(trip_start_timestamp,1,10),SUBSTR(trip_start_timestamp,12,2),
trip_seconds,trip_miles,pickup_community_area,dropoff_community_area,fare,t
ips,tolls,
```

```
extras,trip_total,payment_type,company,pickup_centroid_location,dropoff_cen
troid_location,passenger_count
FROM x_class.jx22x41_p8_trip_orc;
```

输入代码后保存并运行，若运行成功则表示代码无异常。为了检验是否正确插入数据，切换到“observe_hive”节点，注释当前代码，并输入如下代码查询：

```
--查询数据插入的结果
SELECT * FROM bigdata_app.st_trip_orc;
```

输入代码后保存并运行，若运行结果返回 18 个字段，且结果集中有数据，则表示成功插入数据，运行结果如图 6-4 所示。

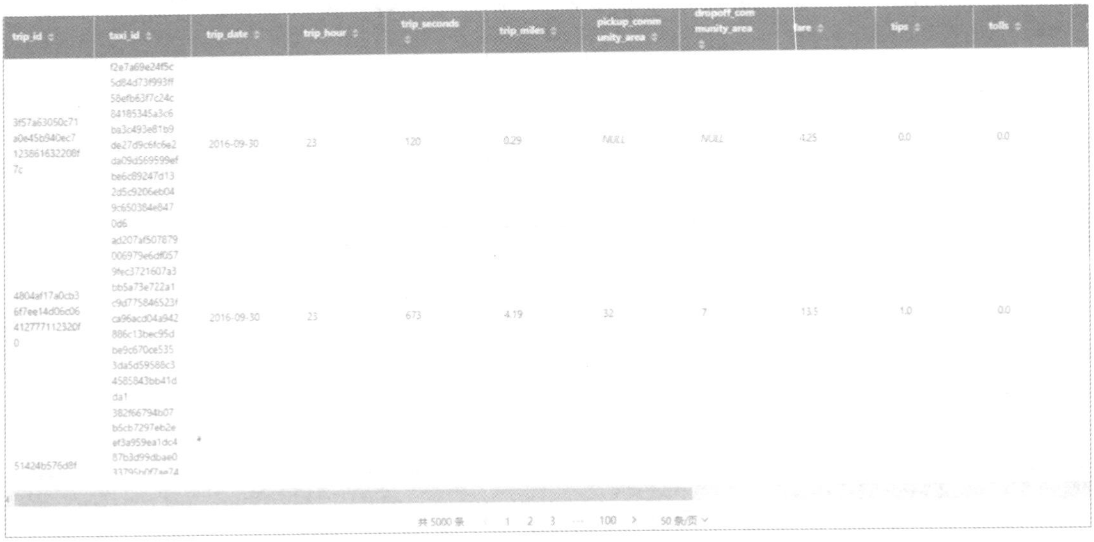

trip_id	taxi_id	trip_date	trip_hour	trip_seconds	trip_miles	pickup_community_area	dropoff_community_area	fare	tips	tolls
3f57a63050c71a0e45b940ec7123861632208f7c	f2e7a69e24f5c5d84d73f993ff58efb63f7c24c84185345a3c6ba3c493e81b9de27d9c6fc6e2da09d569599efbe6c89247d132d5c9206eb049c650384e8470d6	2016-09-30	23	120	0.29	NULL	NULL	4.25	0.0	0.0
4804af17a0cb36f7ee14d06c06412777112320f0	ad207af507879006979e6df0579fec3721607a3bb5a73e722a1c9d775846523fca96acd04a942886c13bec95dbe9c670ce5353da5d59588c34585843bb41dda1	2016-09-30	23	673	4.19	32	7	13.5	1.0	0.0
51424b576d8f	382f66794b07b6cb7297eb2eef3a959ea1dc487b3d99dbae0									

共 5000 条 1 2 3 … 100 > 50 条/页

图6-4 查询数据插入的结果

在数据表中，需要通过时间维度统计计算指标，数据表往往只存在基本的日期信息（如 2019-10-01）。但这样的时间信息不够详细，而且不便于使用，所以需要对这些基础时间信息加以改造，扩展出更多的时间属性。

创建一个名为“create_hour”的 hql 节点，打开该节点并输入如下代码，创建一个时段维度表结构：

```
--创建时段维度表结构
CREATE TABLE IF NOT EXISTS bigdata_app.st_hour_tmp (
   trip_hour int COMMENT '时段',
   trip_section_id string COMMENT '时段代号');
```

输入代码后保存并运行，若运行成功则表示代码无异常。为了检验是否正确创建时段维度表结构，切换到“observe_hive”节点，注释当前所有的代码并输入如下代码查询：

```
--查询创建时段维度表结构
DESC bigdata_app.st_hour_tmp;
```

若运行结果返回两行字段，且字段名称分别为“trip_hour”及“trip_section_id”，则表示成功创建时段维度表结构，运行结果如图 6-5 所示。

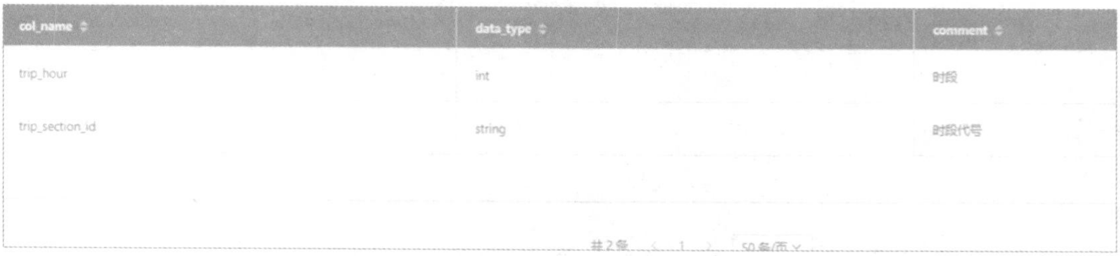

col_name ⇕	data_type ⇕	comment ⇕
trip_hour	int	时段
trip_section_id	string	时段代号

共 2 条　 ⟨　1　⟩　 50 条/页 ∨

图6-5　查询时段维度表结构

接下来根据表 6-1 将相应的内容插入"bigdata_app.st_hour_tmp"数据表中，但是受 Hive 编码格式的限制，不便于直接插入中文字符，因此需要先用数字代号代替时段名称。

（1）将早高峰时段设置为 1，6 点～9 点（不含）对应的数据分别为(6,1)、(7,1)及(8,1)。

（2）将日间平峰时段设置为 2，9 点～16 点（不含）对应的数据分别为(9,2)、(10,2)、(11,2)、(12,2)、(13,2)、(14,2)及(15,2)。

（3）将晚高峰时段设置为 3，16 点～19 点（不含）对应的数据分别为(16,3)、(17,3)及(18,3)。

（4）将夜间平峰时段设置为 4，19 点～23 点（不含）对应的数据分别为(19,4)、(20,4)、(21,4)及(22,4)。

（5）将深夜时段设置为 5，23 点～6 点（不含）对应的数据分别为(23,5)、(24,5)、(1,5)、(2,5)、(3,5)、(4,5)及(5,5)。

创建一个名为"insert_hour"的 hql 节点，打开该节点并输入如下代码，将以上分析的结果数据插入"bigdata_app.st_hour_tmp"数据表中。

```
--将以上分析的结果数据插入"bigdata_app.st_hour_tmp"数据表中
INSERT OVERWRITE TABLE bigdata_app.st_hour_tmp VALUES
(1,5),(2,5),(3,5),(4,5),(5,5),(6,1),(7,1),(8,1),(9,2),(10,2),(11,2),(12,2),
(13,2),(14,2),(15,2),(16,3),(17,3),(18,3),(19,4),(20,4),(21,4),(22,4),(23,5),
(24,5);
```

输入代码后保存并运行，若运行成功则表示代码无异常。为了检验是否正确插入相关数据，切换到"observe_hive"节点，注释当前所有的代码并输入如下代码查询：

```
SELECT * FROM bigdata_app.st_hour_tmp;
```

保存并运行代码，若运行结果返回以下两列数据，则表示成功插入数据，运行结果如图 6-6 所示。

trip_hour ⇅	trip_section_id ⇅
1	5
2	5
3	5
4	5
5	5
6	1
7	1
8	1
9	2
10	2

共 24 条 　〈　1　〉　50 条/页 ∨

图6-6　查询是否成功插入数据

接下来需要将数据表中的数字代号 1～5 替换为对应的中文名称，将"1"替换为"早高峰时段"，将"2"替换为"日间平峰时段"，将"3"替换为"晚高峰时段"，将"4"替换为"夜间平峰时段"，将"5"替换为"深夜时段"。因此创建一个名为"st_hour"的 hql 节点，打开该节点并输入如下代码：

```
--创建数据表，用于存储处理后的数据
CREATE TABLE IF NOT EXISTS bigdata_app.st_hour AS
SELECT
    trip_hour,trip_section_id,
    --将数据表中的数字代号 1～5 替换为对应的中文名称
    (CASE trip_section_id
        WHEN '1' THEN '早高峰时段'
        WHEN '2' THEN '日间平峰时段'
        WHEN '3' THEN '晚高峰时段'
        WHEN '4' THEN '夜间平峰时段'
        WHEN '5' THEN '深夜时段'
    END) AS trip_section
FROM bigdata_app.st_hour_tmp;
```

输入代码后保存并运行，若运行成功则表示代码无异常。为了检验是否正确地将数字代号替换为中文名称，切换到"observe_hive"节点，注释当前所有代码，并输入如下代码查询：

```
SELECT * FROM bigdata_app.st_hour;
```

保存并运行代码，若运行结果返回 3 列数据，字段分别是"trip_hour"、"trip_section_id"及"trip_section"，并且"trip_section_id"字段和"trip_section"字段符合对应的中文名称，则表示成功替换中文名称，运行结果如图 6-7 所示。

trip_hour ⇅	trip_section_id ⇅	trip_section ⇅
1	5	深夜时段
2	5	深夜时段
3	5	深夜时段
4	5	深夜时段
5	5	深夜时段
6	1	早高峰时段
7	1	早高峰时段
8	1	早高峰时段
9	2	日间平峰时段
10	2	日间平峰时段

共 24 条 < 1 > 50 条/页 ∨

图6-7 查询替换中文名称是否成功

步骤二：地区维度信息预处理

在本任务中，"x_class"数据库下另外一个需要使用的数据表是"jx22x41_p8_area"地区维度表，该表记录着每个社区所对应的编号。为了进一步了解地区维度表的字段信息及内容情况，打开"observe_hive"节点，再输入如下代码查询：

```
USE x_class;
SELECT * FROM jx22x41_p8_area;
```

输入代码后保存并运行，运行结果如图 6-8 所示。

community_area ⇅	community ⇅
1	Rogers Park
2	West Ridge
3	Uptown
4	Lincoln Square
5	North Center
6	Larkview

图6-8 查询地区维度表数据

上述运行结果显示地区维度表的字段名称及其含义，如表 6-4 所示。

表 6-4　地区维度表的字段名称及其含义

字 段 名 称	含 义
community_area	社区编号
community	社区编号对应的社区名称

根据返回结果可以观察到，对该地区维度表无须做任何处理操作，但是为了便于使用 Kylin 加载地区维度表，将该表的数据复制到"bigdata_app"数据库中，创建一个名为 "cp_area"的 hql 节点，打开该节点并输入如下代码：

```
USE bigdata_app;
--创建数据表，用于存储地区维度表数据
CREATE TABLE IF NOT EXISTS dim_area AS
SELECT * FROM x_class.jx22x41_p8_area;
```

输入代码后保存并运行，若运行成功则表示代码无异常。为了检验是否正确复制相关数据，切换到"observe_hive"节点，注释当前所有代码，并输入如下代码查询：

```
SELECT * FROM bigdata_app.dim_area;
```

保存并运行代码，若运行结果有各个地区的数据，则表示成功复制数据，运行结果如图 6-9 所示。

community_area ⌄	community ⌄
1	Rogers Park
2	West Ridge
3	Uptown
4	Lincoln Square
5	North Center
6	Larkview
7	Lincoln Park

图6-9　查询是否正确复制相关数据

步骤三：创建模型

使用 Kylin 加载数据源，数据源分别存储在"bigdata_app"数据库中的"st_hour"、 "st_trip_orc"及"dim_area"数据表。单击"Kylin"组件，然后输入账号、密码进入 Kylin 的主界面。

进入 Kylin 主界面后，选择"Data Source"选项，再单击🖿按钮，如图 6-10 所示。

图6-10 单击⬆按钮

单击"Show All"按钮等待数据加载,如图 6-11 所示。

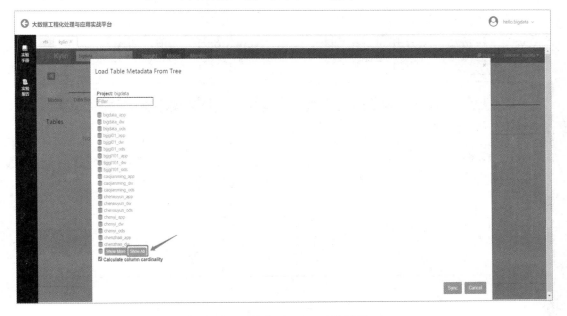

图6-11 单击"Show All"按钮

数据加载完成后,在左边的数据库列表中选择"bigdata_app"数据库,在该数据库下分别选中"bigdata_app.st_hour"、"bigdata_app.st_trip_orc"及"bigdata_app.dim_area"数据表,选中后的数据表会加粗显示,3 个数据表都被选中后,单击右下角的"Sync"按钮,完成数据导入,如图 6-12 所示。

图6-12　选中3个数据表

指定好对应的数据源之后，从"Data Source"选项切换到"Models"选项，单击"New"下拉按钮，从打开的下拉列表中选择"New Model"选项，如图6-13所示。

图6-13　选择"New Model"选项

进入创建模型的界面，在该界面中可以观察到创建模型被划分为 5 个步骤，分别是"Model Info"、"Data Model"、"Dimensions"、"Measures"及"Settings"。

在"Model Info"中填写模型的信息内容，需要在"Model Name"输入框填写模型的名称，且该名称不能为空，因此输入对应的模型名称，如"bigdata_TAXI"，填写完成后单击右下角的"Next"按钮，如图 6-14 所示。

图6-14 单击"Next"按钮

在"Data Model"中选择模型的数据源，单击"-- Select Fact Table --"下拉按钮，在打开的下拉列表中选择数据表"bigdata_app.st_trip_orc"。

数据表"bigdata_app.st_trip_orc"为订单事实表，另外两个数据表"bigdata_app.st_hour"和"bigdata_app.dim_area"为维度表。接下来分别导入这两个维度表，并配置订单事实表与维度表之间的关联关系。

首先，对"bigdata_app.st_hour"数据表进行关联，单击"+Add Lookup Table"按钮，在弹框左侧的第一个下拉列表框中选择"ST_TRIP_ORC"选项，在第二个下拉列表框中选择"Left Join"选项，在第三个下拉列表框中选择"ST_HOUR"选项，单击"New Join Condition"按钮添加关联条件，单击该按钮后将会出现两个方框，在这两个方框中输入关联的条件字段，"bigdata_app.st_hour"数据表与"bigdata_app.st_trip_orc"订单事实表之间的关联字段为"TRIP_HOUR"，因此左右两边都选择"TRIP_HOUR"字段，输入完成后，单击右下角的"OK"按钮，如图 6-15 所示。

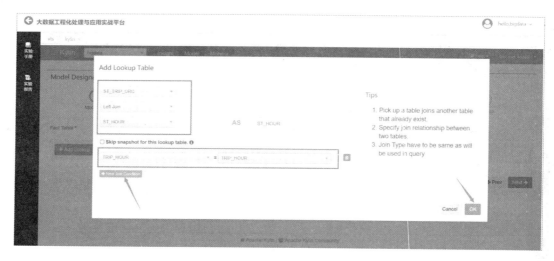

图6-15　对"bigdata_app.st_hour"数据表进行关联

　　然后，对"bigdata_app.dim_area"数据表进行关联，和对"bigdata_app.st_hour"数据表关联方法相同。单击"+Add Lookup Table"按钮，在弹框左侧第一个下拉列表框中选择"ST_TRIP_ORC"选项，在第二个下拉列表框中选择"Left Join"选项，在第三个下拉框中选择"DIM_AREA"选项，由于订单事实表与地区维度表相关字段分别是"PICKUP_COMMUNITY_AREA"及"DROPOFF_COMMUNITY_AREA"，因此单击两次"New Join Condition"按钮，添加两个关联条件，分别是"PICKUP_COMMUNITY_AREA=COMMUNITY_AREA"及"DROPOFF_COMMUNITY_AREA=COMMUNITY_AREA"，单击右下角的"OK"按钮，如图6-16所示。

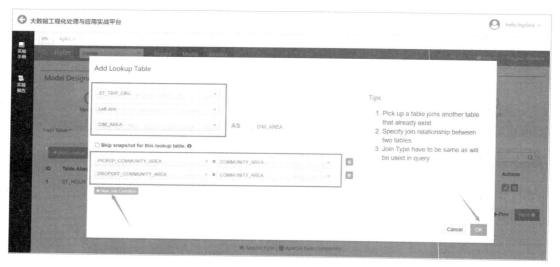

图6-16　对"bigdata_app.dim_area"数据表进行关联

　　至此设置完关联关系，确认步骤无误后单击右下角的"Next"按钮，如图6-17所示。

图6-17　检查数据表关联是否正确

在"Dimensions"中需要配置模型所分析的维度信息。

- 在第一个任务需求中，需要统计 2015 年全市所有出租车运营公司每个月的盈利情况，根据该需求可以观察到所需要分析的维度以时间维度"月"进行观察，因此该任务需求中所需要使用的维度字段为订单事实表"bigdata_app.st_trip_orc"中的行程日期字段"trip_date"。

- 在第二个任务需求中，需要任选某一周，统计这一周本市居民每天乘坐出租车出行的频率情况，根据该需求可以观察到所需要分析的维度以时间维度"周"进行观察，因此该任务需求中所需要使用的维度字段为订单事实表"bigdata_app.st_trip_orc"中的行程日期字段"trip_date"。

- 在第三个任务需求中，需要任选某一天，统计当天各个时段出租车的投放量和热门地区，根据该需求可以观察到在分析的维度上，时间维度以"天"及"时段"进行观察，地区维度以乘客上车的社区进行观察，在订单事实表"bigdata_app. st_trip_orc"中涉及这些时间维度及地区维度的字段有行程日期字段"trip_date"，在地区维度表"bigdata_app.dim_area"中涉及这些时间维度及地区维度的字段有社区名称"community"，在时段维度表"bigdata_app.st_hour"中涉及这些时间维度及地区维度的字段有时间段"trip_section"。

综合以上 3 个分析结果得出订单事实表"bigdata_app.st_trip_orc"中所要设置的维度字段为行程日期"trip_date"，地区维度表"bigdata_app.dim_area"所要设置的维度字段为社区名称"community"，时段维度表"bigdata_app.st_hour"所要设置的维度字段为时间段"trip_section"。接下来在表名为"ST_TRIP_ORC"的右侧下拉列表框中选择"TRIP_DATE"，在表名为"ST_HOUR"的右侧下拉列表框中选择"TRIP_SECTION"，在表名为"DIM_AREA"的右侧下拉列表框中选择"COMMUNITY"，选择完成后，单击右下角的"Next"按钮进入下一步骤，如图 6-18 所示。

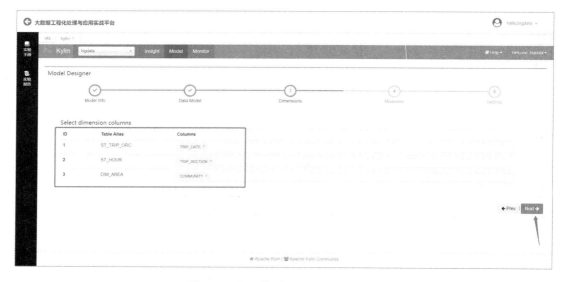

图6-18　配置模型所分析的维度信息

"Measures"这一步骤用于配置模型的度量信息，接下来根据任务需要，从事实表上选择衡量指标的字段作为度量。

① 在第一个任务需求中，需要统计 2015 年全市所有出租车运营公司每个月的盈利情况，根据该需求可以观察到度量计算信息为盈利情况，因此该任务所需要使用的度量字段为订单事实表"bigdata_app.st_trip_orc"中的总金额字段"trip_total"。

② 在第二个任务需求中，需要任选某一周，统计这一周本市居民每天乘坐出租车出行的频率情况，根据该需求可以观察到度量计算信息为居民的出行量，而出行量的数量可以通过统计订单的个数进行计算，因此该任务需求中所使用的度量字段为订单事实表"bigdata_app.st_trip_orc"中的每次开始打表计费产生的行程 ID 字段"trip_id"。

③ 在第三个任务需求中，需要任选某一天，统计当天各个时段出租车的投放量和热门地区，根据该需求可以观察到度量计算信息为出租车的投放量及出租车频率最高的地方，这两个度量结果都可以通过统计不同维度下出租车出现的次数，因此该任务需求中所需要使用的度量字段为订单事实表"bigdata_app.st_trip_orc"中的每辆出租车的唯一 ID 标识字段"taxi_id"。

综合以上 3 个分析结果得出订单事实表"bigdata_app.st_trip_orc"中所要设置的度量字段为"trip_total"、"trip_id"及"taxi_id"，因此在数据表"ST_TRIP_ORC"右侧的下拉列表框中选择"TRIP_ID"、"TAXI_ID"及"TRIP_TOTAL"，选择完成后，单击右下角的"Next"按钮进入下一步骤，如图 6-19 所示。

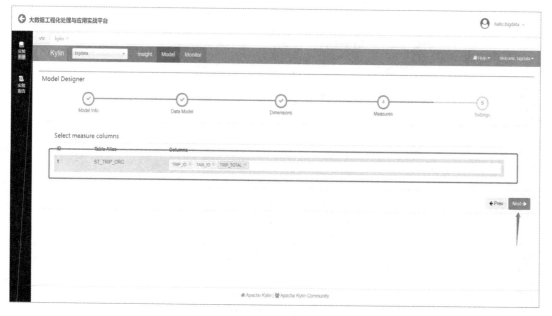

图6-19 配置模型的度量信息

"Settings"这一步骤用于配置分区及过滤数据的信息。由于数据每天都会更新，对数据的查询若是按时间进行分区，则查询速度会得到大幅度的提升，因此需要设置日期分区。在"Partition Date Column"右侧的第一个下拉列表框中选择"ST_TRIP_ORC"，在第二个下拉框中选择日期字段"TRIP_DATE"，而"Date Format"右侧的日期格式与字段"TRIP_DATE"的日期格式相同，因此不做改变，选择完成之后，单击右下角的"Save"按钮保存配置模型信息，如图 6-20 所示。

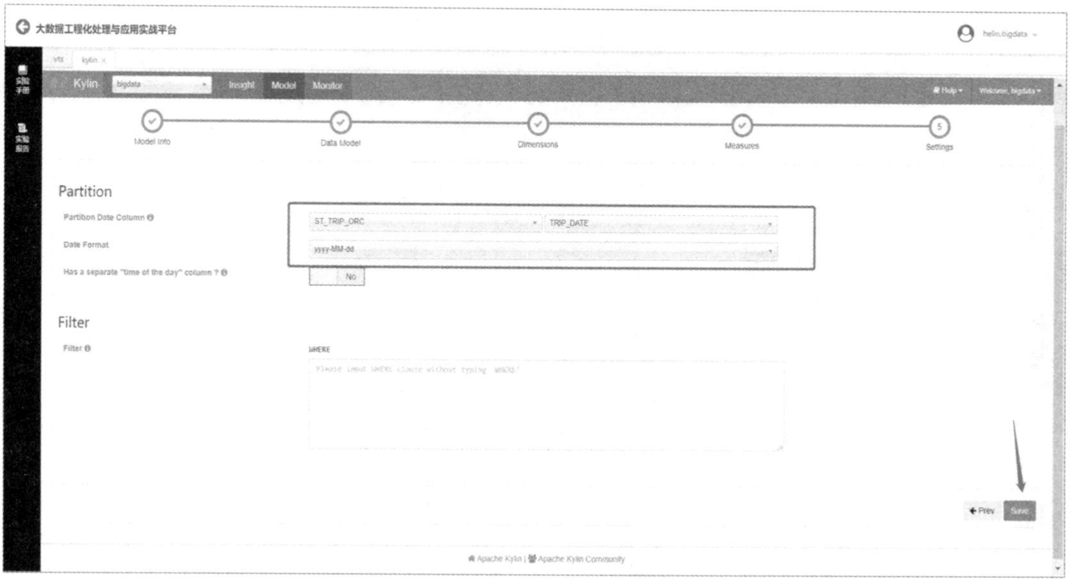

图6-20 设置日期分区

创建完成之后，若在"Models（1）"输入框中存在刚才创建好的模型"bigdata_TAXI"，则表示模型创建成功，如图 6-21 所示。

图6-21　判断是否成功创建模型

步骤四：创建数据立方

单击"New"下拉按钮，在打开的下拉列表中选择"New Cube"选项，如图 6-22 所示。进入创建模型的界面，创建数据立方的流程分为 7 个步骤，分别是"Cube Info"、"Dimensions"、"Measures"、"Refresh Setting"、"Advanced Setting"、"Configuration Overwrites"及"Overview"。

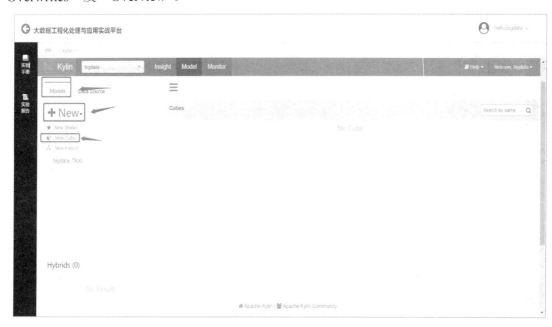

图6-22　选择"New Cube"选项

在"Cube Info"中配置数据立方的信息。在"Model Name"的右侧下拉列表框中选择刚才创建的模型"bigdata_TAXI",在"Cube Name"的右侧输入框中输入自定义 Cube 的名字,这里依然输入"bigdata_TAXI",输入完成后,单击右下角的"Next"按钮,进入下一步骤,如图 6-23 所示。

图6-23　配置数据立方的信息

在"Dimensions"中为数据立方配置维度信息。单击"Add Dimensions"按钮添加维度信息,由于该数据立方包含一个模型,因此依次勾选"ST_TRIP_ORC [FactTable]"、"ST_HOUR [LookupTable]"及"DIM_AREA [LookupTable]"下的"Select All"复选框,单击右下角的"OK"按钮,如图 6-24 所示。

图6-24　配置数据立方维度信息

若界面增加了 8 条维度信息，则表示添加成功，单击右下角的"Next"按钮进入下一步骤，如图 6-25 所示。

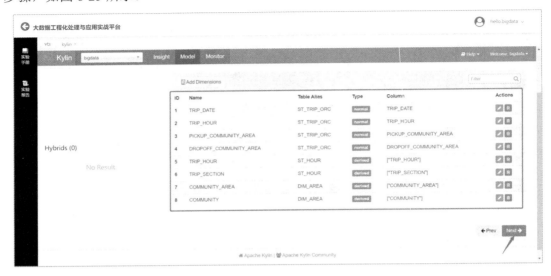

图6-25　检查数据立方维度配置信息

在"Measures"中需要为数据立方配置度量信息。

在第一个任务需求中统计 2015 年全市所有出租车运营公司每个月的盈利情况，该度量值为对"trip_total"字段进行求和，因此单击"+Measure"按钮进行度量值的添加，如图 6-26 所示。

图6-26　添加数据立方的度量值

将度量值"Name"赋值为"sum_total",将"Expression"赋值为"SUM",将"Param Value"赋值为"ST_TRIP_ORC.TRIP_TOTAL",单击左下角的"OK"按钮,如图 6-27 所示。

图6-27　配置第一个任务需求的度量信息

在第二个任务需求中,统计这一周本市居民每天乘坐出租车出行的频率情况,该度量值为对"trip_id"字段进行个数统计,而在默认列表中,Kylin 已经创建好对应统计个数的度量值"_COUNT_",因此不需要创建新的度量值。

在第三个任务需求中,统计当天各个时段出租车的投放量和热门地区,该度量值为对"taxi_id"字段进行个数统计,而在默认列表中,Kylin 已经创建好对应统计个数的度量值"_COUNT_",因此不需要创建新的度量值。

若界面增加了一条度量信息,则表示添加成功,然后单击右下角的"Next"按钮进入下一步骤,如图 6-28 所示。

由于 Kylin 默认的维护和优化方式足以应对大多数项目情况,因此连续单击"Next"按钮跳过第四步～第六步,直至第七步,第七步"Overview"是刚才创建的数据立方的概况。若检验到"Fact Table"的值为"BIGDATA_APP.ST_TRIP_ORC","Lookup Table"的值为"2","Dimensions"的值为"8","Measures"的值为"2",则表示数据立方配置正确。最后单击右下角的"Save"按钮,如图 6-29 所示。

图6-28　配置第二个和第三个任务需求的度量信息

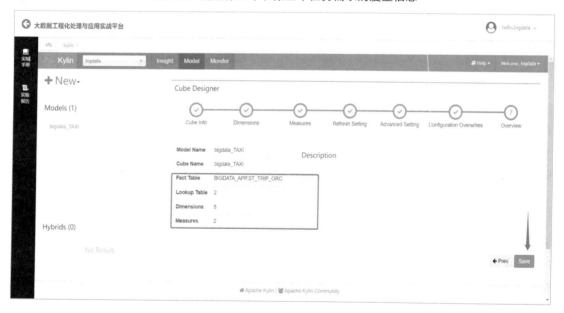

图6-29　检验数据立方的配置信息

保存成功后，若在 Kylin 主界面的右侧看到新增的数据立方信息，则表示成功创建数据立方，如图 6-30 所示。

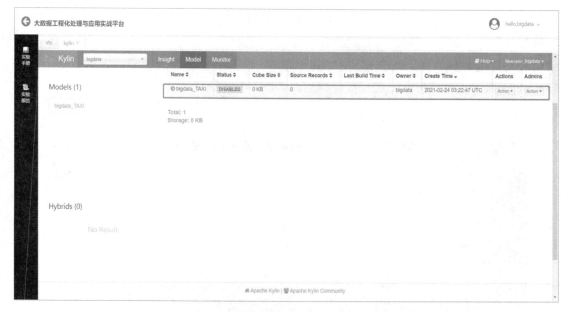

图6-30　检验数据立方是否创建成功

从数据立方的信息可以观察到，当前"Status"被设置为"DISABLED"，由于没有构建 Cube，所以仍然是"禁用（DISABLED）"状态。为了开启该数据立方的使用，单击"Actions"下拉按钮，在打开的下拉列表中选择"Build"选项构建 Cube，如图 6-31 所示。

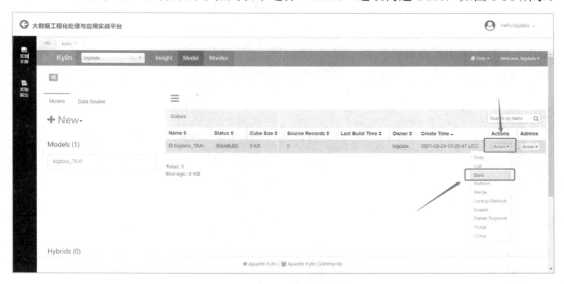

图6-31　选择"Build"选项

为了提高 Cube 构建的速度，防止内存溢出等情况发生，在数据量适中的情况下，通常根据年份构建 Cube，设置起始时间"Start Date (Include)"为"2015-01-01 00:00:00"，设置结束时间"End Date (Exclude)"为"2015-12-31 23:59:59"，输入完成后，单击右下角的"Submit"按钮，对数据立方进行提交构建，如图 6-32 所示。

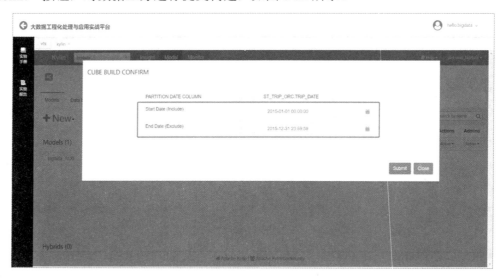

图6-32　数据立方提交构建

提交完成之后，为了能够监控 Cube 构建的情况，选择主界面上方的"Monitor"选项进入监控平台。在监控平台界面找到刚才创建的数据立方项目，在它的末尾有一个蓝色按钮，单击该按钮可查询当前执行情况。由于创建数据立方需要很长的时间，因此要耐心等待，可以通过不断单击按钮，刷新当前最新执行情况，如图 6-33 所示。

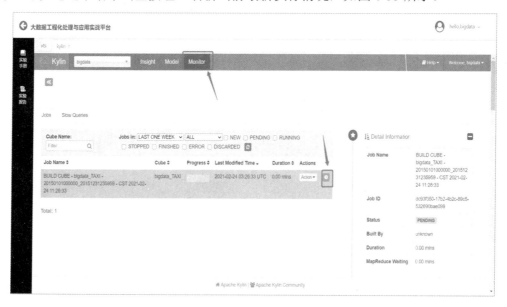

图6-33　监控 Cube 构建的情况

步骤五：查询结果

等待一段时间，当 Cube 创建完成后，选择"Insight"选项，进入数据查询界面。操作步骤如图 6-34 所示。

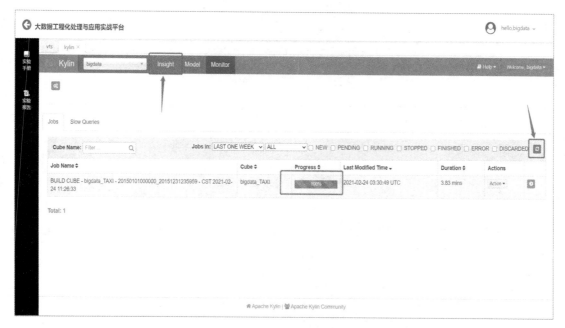

图6-34 进入数据查询界面

在第一个任务需求中需要统计 2015 年全市所有出租车运营公司每个月的盈利情况，从本任务需求中了解需要按月进行分组统计指标，每月的营业额可以通过对所有订单的金额进行聚合统计求和，代码如下：

```
SELECT
    --获取日期字段中的月份信息
    MONTH(trip_date) AS 月份,
    --统计每月订单金额之和
    SUM(trip_total) AS 盈利总额
FROM st_trip_orc
--按月进行分组
GROUP BY MONTH(trip_date);
```

输入代码后，单击"Submit"按钮，提交代码。

成功提交代码后，若返回结果的第一列月份数据为 1～12，对应的盈利总额约为 159236、158245、181618、181161、200537、185905、169365、168585、162699、176271、154984 及 113726，则表示计算成功，如图 6-35 所示。

月份	盈利总额
1	159235.95016...
2	158244.80994...
3	181617.80000...
4	181160.53988...
5	200536.68004...
6	185905.01990...
7	169365.19987...
8	168585.19006...
9	162698.63998...
10	176271.00001...
11	154983.99990...
12	113725.57994...

图6-35　查询每月盈利总额

第二个任务需求是任选一周，统计这一周本市居民每天乘坐出租车出行的频率情况。

假设任务场景所在的日期是 2015 年 3 月 12 日（第 11 周），根据该任务需求，可以通过计算第 11 周订单的总条数统计本周居民乘坐租车出行的频率，代码如下：

```
SELECT
   --获取日期字段中的周信息
   DAYOFWEEK(trip_date) AS 周一至周日,
   --聚合统计订单的个数
   COUNT(1) AS 居民出行频率
FROM st_trip_orc
--获取第 11 周的数据
WHERE WEEK(trip_date)=11
--按星期进行分组
GROUP BY DAYOFWEEK(trip_date);
```

输入代码后，单击“Submit”按钮，提交代码。

成功提交代码后，若返回结果的第一列数据为 1～7，对应的居民乘坐出租车出行的频率为 328、420、359、376、456、469 及 604，则表示计算正确，如图 6-36 所示。

周一至周日	居民出行频率
1	328
2	420
3	359
4	376
5	456
6	469
7	604

图6-36　统计某一周居民乘坐出租车出行的频率

第三个任务需求是任选某一天，统计当天各个时段出租车的投放量和热门地区。

假设任务场景所在的日期是 2015 年 3 月 12 日，计算当天各个时段出租车的投放量，可以通过对 2015 年 3 月 12 日当天的时间段进行分组，再统计每个时段出租车的订单数目进行计算出租车的投放量，代码如下：

```
SELECT
    --显示当前时间段
    st_hour.trip_section AS 时间段,
    --聚合计算当前时间段所需要的出租车数量
    COUNT(1)  AS 出租车投放量
FROM
    --将订单事实表与时段维度表进行关联
    st_trip_orc
LEFT JOIN st_hour
    ON st_hour.trip_hour=st_trip_orc.trip_hour
--仅计算 2015 年 3 月 12 日当天的数据
WHERE st_trip_orc.trip_date='2015-03-12'
--按时间段进行分组
GROUP BY st_hour.trip_section;
```

输入代码后，单击"Submit"按钮，提交代码。成功提交代码后，若返回结果的第一列时间段（除空值外）分别为"早高峰时段"、"夜间平峰时段"、"日间平峰时段"、"深夜时段"及"晚高峰时段"，对应的出租车投放量分别为 43、108、150、51 及 94，则表示计算正确，如图 6-37 所示。

时间段 ⌄	出租车投放量
	10
早高峰时段	43
夜间平峰时段	108
日间平峰时段	150
深夜时段	51
晚高峰时段	94

图6-37　统计当天各个时段出租车的投放量

接着计算 2015 年 3 月 12 日当天热门地区，可以通过对 2015 年 3 月 12 日当天的地区进行分组，再计算每个地区出租车接收的订单数量来求得今天的热门地区，代码如下：

```
SELECT
    --显示上车地点
    dim_area.community AS 地区,
    --聚合计算当天地区接收订单的数量
    COUNT(1) AS 次数
FROM
    --将订单事实表与地区维度表进行关联
    st_trip_orc
LEFT JOIN
    dim_area
ON st_trip_orc.dropoff_community_area = dim_area.community_area
```

```
AND
    st_trip_orc.pickup_community_area = dim_area.community_area
--仅计算2015年3月12日当天的数据
WHERE st_trip_orc.trip_date='2015-03-12'
--按地区进行分组
GROUP BY dim_area.community
--按接收的订单数量进行倒序排列
ORDER BY COUNT(1) DESC;
```

输入代码后，单击"Submit"按钮，提交代码。

成功提交代码后，若返回结果中（除空值外）最热门的地区前三名分别为"Near North Side"、"Loop"及"Near West Side"，对应的次数分别是40、29及7，则表示计算成功，如图6-38所示。

地区 ˅	次数 ˅
	364
Near North Side	40
Loop	29
Near West Side	7
Larkview	6
O'Hare	3
Near South Side	2
Dunning	1

图6-38 热门地区计算结果

【任务小结】

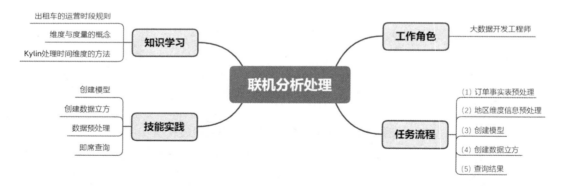

在本任务的学习中，首先读者可以对出租车数据进行数据观察，了解数据的特点并根据观察结果对数据的时间字段进行改造；其次将数据导入 OLAP 工具 Kylin 中，选择合适的维度和度量，用于创建模型和数据立方；最后基于已经创建好的数据立方，编写代码实现计算指标的即席查询，为下一个任务做准备。

通过以上技能实践，读者可以巩固基于 Hive 的数据预处理操作，以及使用 Kylin 创建模型、数据立方等操作知识。

【任务拓展】

基于本项目的业务场景和原始数据，请尝试实现以下任务。

（1）为了了解本市的盈利旺季，请试着编写代码查询 2015 年全市出租车公司各季度的盈利情况。

（2）为了了解用户在夏季的出行行为，请修改项目中已创建好的 Model 和 Cube，并编写代码，查询 2015 年第三季度全市出租车的各个时段总里程数。

任务二　实现数据决策报表

【能力目标】

通过本任务的教学，读者理解相关知识之后，应达到以下能力目标。

- 根据参考报表样式，能使用合适的可视化工具及脚本编程方法，配置所需展示离线数据源的连接信息，正确连接数据系统，并获得报表初始化数据。
- 根据报表数据及离线数据需求，能使用可视化工具及脚本编程方法，生成符合任务需求的可交互查询动态数据报表。
- 根据动态数据报表，能使用可视化工具及脚本编程方法，根据任务需求，完成可供决策支持的动态数据报表。

【任务描述与要求】

任务描述：

完成了 OLAP 系统构建后，此时开发人员可以通过编写 SQL 语句的方式实现数据的上卷、下钻等操作，从而得到业务所需的计算指标。为了帮助决策层更好地了解这些计算指标的特征，项目经理希望使用 Visual 工具制作一个报表，实现以下功能。

- 能够反映工作日和非工作日各时段出租车投放量的变化特征。
- 能够反映各个热门地区的客运量排名。
- 能够反映本市主要出租车公司四个季度的客运量。

任务要求：

- 选择合适的图表类型，将计算指标数据以图表形式展现。
- 将各个图表根据主题组织成可供决策支持的数据报表。

【任务资讯】

1. 出租车数据报表应用场景

对出租车运营公司而言，主要关注以下几个问题。

（1）市场规模分析。

这类问题通常会对出租车的总投放量、总客运量、营业额等信息进行分析，以时间作为维度。决策层希望从这些信息中了解本公司的出租车业务在某个范围内的市场占有比重、波动情况等信息，从而掌握本公司出租车业务的发展状况，有助于制定一个阶段的业务目标。

（2）运营时段及区域分析。

随着我国国民经济的持续快速发展与城市化进程的不断推进。"打车难"逐渐成为居民出行面临的难题。为了解决这个问题，除增加出租车的投放量外，最关键的是根据时段、区域热度实现动态调度。要分析这类问题，通常会以时间或区域作为维度对订单量进行分析，以便于观察居民打车的高峰期和热门区域，从而实现车辆的动态调度。

（3）服务质量分析。

近几年网约车的崛起，颠覆了传统出租车行业的秩序，出租车行业要想继续生存，必须明确以消费者利益为核心的原则。但出租车作为"流动的城市名片"，其服务水平很容易影响外地游客对当地的评价。同时，良好的服务质量也更能积累丰富的人脉和回头客，对公司的长期发展极为重要。这类问题通常围绕一些能代表好评度的指标（如小费金额、好评度等）进行分析，可以对司机的服务态度进行排名，作为考核的指标，也可以了解不同出租车运营公司的服务水平。

2. 报表开发详解

在报表设计开发的过程中经常涉及以下 4 个要素。

（1）数据集。

如果从数据的结构化程度进行区分，则可以将数据集分为结构化数据、半结构化数据、非结构化数据 3 类。而从文件类型上区分，又可以将数据集分为本地文件数据和数据库数据。为各类格式的数据提供连接支持，也成为选择报表系统时首先需要考虑的问题。

（2）报表样式。

报表是用表格、图表的形式将数据展现出来，为上级提供决策支持的表格。选择合适的报表样式可以达到吸引眼球、增强表达效果的目的。传统静态报表已经越来越无法满足报表阅读者不断追求灵活、高速、自助式获取数据信息的需求。因此，能够实现动态交互式报表也逐渐成为报表开发人员需要考虑的一个关键问题。

（3）维度。

在报表开发中，维度是指数据观察的角度，通常可以映射事物或现象的某种特征，如年龄、地区、时间等都是维度。

维度可以分为定性维度和定量维度。定性维度的数据类型为字符型，如地区、性别等；定量维度的数据类型为数值型，如收入、年龄等。为了使数据规律更为显著，这类维度在使用时一般先要进行分组处理（数据离散化处理）。

在运用维度分析问题时，通常有纵比和横比两种情况。通过时间的前后对比，可以了解事物或现象的发展状态。例如，月销售额同比去年增长 50%，这种情况被称为纵比。而不同国家 GDP 的比较等一类问题属于同级单位之间的比较，被称为横比。只有通过事物发展的数量、质量两大方面，从横比、纵比角度进行全方位的比较，才能够全面地了解事物发展的好坏。

（4）指标（度量）。

在报表开发中，指标一般是指用于衡量失误发展程度的单位，也被称为度量。

指标可以分为绝对数指标和相对数指标。绝对数指标主要是用来反映规模大小的指标，如人口总量、收入等；而相对数指标主要是用来反映质量好坏的指标，如利润率、留存率等。分析一个事物发展程度就可以从规模和质量这两个角度着手分析，以全面衡量事物的发展程度。

【任务计划与决策】

1. 设计报表内容

在本任务中，报表的主要目的是支撑决策，因此需要紧紧围绕决策进行设计。对这些目标功能进行如下设计。

（1）如何反映工作日和非工作日各时段出租车投放量的变化特征。

通过对该需求的文字理解，可以选择星期名称和时段名称作为维度，出租车投放量作为指标，计算出图表所需数据。该功能要求体现数据量的增减变化特征，而折线图常用于体现相等时间间隔下数据的趋势，适用于处理该问题。

（2）如何反映各个热门地区的客运量排名。

通过对该需求的文字理解，可以选择地区名称作为维度，客运量作为指标，计算出图表所需数据。该功能的目的是将出行地区按照热度排序，决策者的目的在于得到信息，而不需要观察数据的特征，使用各类统计图形反而会导致数据展示不够简洁直观，因此可以考虑采用表格的形式解决该问题。

（3）如何反映本市主要出租车公司四个季度的客运量。

通过对该需求的文字理解，可以选择季度和出租车公司名称作为维度，客运量作为指标，计算出图表所需数据。该功能要求体现数据量的大小特征，而柱状图常用于比较不同数据量之间的大小，因此可以使用柱状图对数据进行展示。在图表的制作过程中，需要考虑出租车公司的数量，如果数量过多，将不利于图表的展示效果。

2．连接数据系统

经过报表的前期设计之后，接下来便可以开始实现具体的报表内容。在使用 Visual 工具制作报表之前，需要连接数据系统。Kylin 提供了用于连接数据的 JDBC 接口，涉及服务所在的 IP 地址和端口号等信息，这些信息需要在任务实施之前提前了解。

3．制作报表

实现数据系统的连接之后，需要根据设计好的报表内容，按照以下 3 个流程，依次实现各个任务目标中的各个功能。

（1）通过 SQL 语句查询结果，配置各个字段的维度、指标信息。

（2）根据获取的数据，制作报表所需的各个图表组件。

（3）将各个图表组织为一个完整报表。

【任务实施】

根据任务计划与决策的内容，可以推导出如下所示的操作流程。

- 为了能够使用图表工具实现本任务描述中的要求，在开始制作图表之前，使用 Visual 组件连接 Kylin 数据源。
- 根据第一个业务需求，按照创建步骤及配置信息，制作各时段投放量折线图，并保存创建结果。
- 根据第二个业务需求，按照创建步骤及配置信息，制作热门地区 TOP10 报表，并保存创建结果。
- 根据第三个业务需求，按照创建步骤及配置信息，制作本市出租车各个季度客运量柱状图，并保存创建结果。
- 按照汇总步骤及配置信息，将步骤二、步骤三及步骤四的图表进行汇总，生成一个汇总报表。

具体实施步骤如下。

步骤一：连接数据系统

单击"Visual"组件，如图 6-39 所示。

图6-39 单击"Visual"组件

在"我参与的项目"中，选择"实现数据决策报表"项目，打开该项目，如图 6-40 所示。

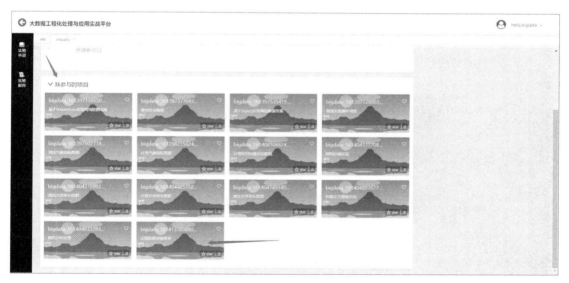

图6-40 选择"实现数据决策报表"项目

单击囗按钮，如图 6-41 所示。

图6-41　单击 按钮

显示数据源列表，为了能够连接 Kylin 数据源，单击 按钮，新增数据源，如图 6-42 所示。

图6-42　单击 按钮

为了便于与其他项目的数据源进行区分，设置数据源"名称"为"kylin_taxi"，在"类型"下拉列表中选择"JDBC"选项，在"数据库"下拉列表中选择"kylin"选项，接着输入 Kylin 组件的用户名和密码，并配置"连接 Url"的值为"jdbc:kylin://86.7.15.62:7070/bigdata"。

输入完成后，单击右侧的"点击测试"按钮，若弹出测试成功的消息框，则表示参数配置无误，最后单击"保存"按钮，如图 6-43 所示。

图6-43 配置数据源连接

步骤二：制作折线图

在开始制作折线图之前，先配置对应的维度信息及指标信息，单击 按钮打开 Visual 组件的 View 界面，单击右上角的 按钮，如图 6-44 所示，折线图的制作需要两个步骤，分别是"编写 SQL"和"编辑数据模型与权限"。

图6-44 单击 按钮

在第一个业务需求中，反映工作日和非工作日各时段出租车投放量的变化特征，可以选择星期名称和时段名称作为维度，出租车投放量作为指标，计算出图表所需数据，在"st_trip_orc"和"st_hour"数据表中，涉及时间段的字段是"st_hour"数据表中的"trip_section"字段，涉及星期维度的字段是"st_trip_orc"数据表中的"trip_date"字段，输入如下 SQL 语句：

```
SELECT
    --获取时间段维度数据
    st_hour.trip_section AS 时间段,
    --获取星期维度数据
    DAYOFWEEK(st_trip_orc.trip_date) AS 星期几,
    --计算出租车数量
    COUNT(1)  AS 出租车投放量
FROM st_trip_orc
    LEFT JOIN st_hour
    ON st_hour.trip_hour=st_trip_orc.trip_hour
--按日期及时间段进行分组
GROUP BY st_hour.trip_section,DAYOFWEEK(st_trip_orc.trip_date);
```

输入 SQL 语句后，接下来配置视图的数据源，在左侧的第一个输入框中，输入视图的名称"bigdata_各时段投放量数据"；在第三个输入框中选择刚才连接的数据源名称"kylin_taxi"。

数据源配置成功后，为了检验配置的数据源及 SQL 语句是否有问题，单击"执行"按钮，若执行成功，返回"时间段"、"星期几"及"出租车投放量"3 列数据，则表示数据源配置成功。单击"下一步"按钮，进入下一步的配置，如图 6-45 所示。

图6-45　配置第一个业务需求的数据源

在"编辑数据模型与权限"中，字段名称分别为"时间段"、"星期几"及"出租车投放量"。将"时间段"字段和"星期几"字段设置为"维度"数据类型，将"出租车投放量"字段设置为"指标"数据类型，单击"保存"按钮，如图 6-46 所示。

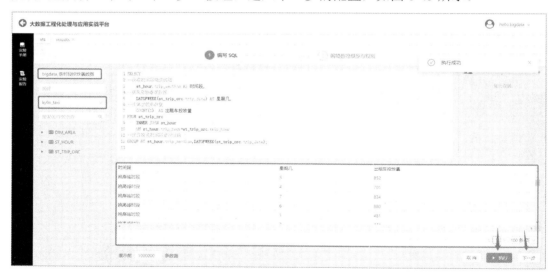

图6-46　配置第一个业务需求的数据模型

从任务描述中可以了解第一个业务需求是反映工作日和非工作日各时段出租车投放量的变化特征，针对该特征，使用折线图能够很好地绘制工作日和非工作日各日时段出租车投放量变化的情况，因此接下来介绍如何制作折线图。

单击 按钮打开"Widget"界面，再单击 按钮，如图 6-47 所示。

图6-47　打开"Widget"界面

然后在界面的左上角下拉列表框中，选择刚才创建的"bigdata_各时段投放量数据"视图，如图 6-48 所示。

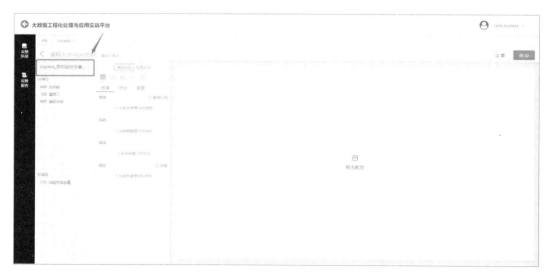

图6-48 选择"bigdata_各时段投放量数据"视图

选择"星期几"和"时间段"作为维度，"出租车投放量"作为指标，将"分类型"列表框中的"时间段"拖动到维度虚线框中，将"数值型"列表框中的"出租车投放量"拖动到指标虚线框中，拖动成功后，若右侧的视图展示的是一个图表，并且图表的字段信息分别为"早高峰时段"、"夜间平峰时段"、"日间平峰时段"、"晚高峰时段"及"深夜时段"（除空字段外），对应的数值分别为 9455、31766、44754、23682 及 19704，则表示正确配置维度信息及度量信息，如图 6-49 所示。

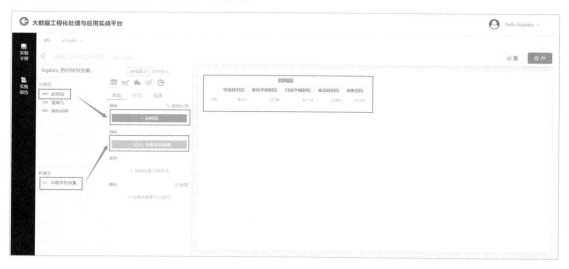

图6-49 配置维度信息及度量信息

在本业务需求中，需要使用折线图的方式展示出租车投放量的变化特征，因此需要将图表格式转化为折线图，单击"透视驱动"列表框中的"折线图"按钮，若右侧的视图转化为折线图形式，则表示图形转换成功，如图 6-50 所示。

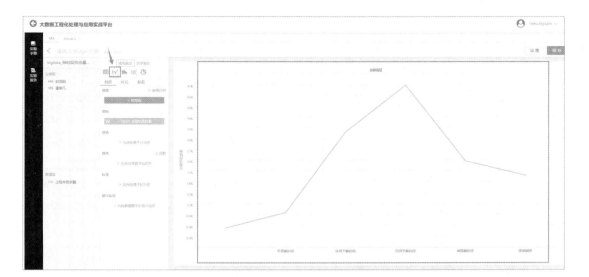

图6-50　制作折线图

从上述运行结果可以观察到，折线图的横坐标是按"早高峰时段"、"夜间平峰时段"、"日间平峰时段"、"晚高峰时段"及"深夜时段"的顺序进行展示的，这样就不利于观察一天 24 小时的顺序变化，因此需要修改维度字段的顺序。单击"维度"中的"时间段"下拉按钮，然后选择"排序"下拉列表中的"自定义"选项，使用鼠标对顺序进行更替，正确的顺序为"早高峰时段"、"日间平峰时段"、"晚高峰时段"、"夜间平峰时段"及"深夜时段"，确认无误后，单击"保存"按钮。若折线图的横坐标发生了变化，且顺序为"早高峰时段"、"日间平峰时段"、"晚高峰时段"、"夜间平峰时段"及"深夜时段"，则表示折线图制作成功。折线图制作成功后，在界面上方输入 Widget 名称为"bigdata_各时段投放量折线图"，接着单击"保存"按钮，若提示保存成功则操作正确，如图 6-51 所示。

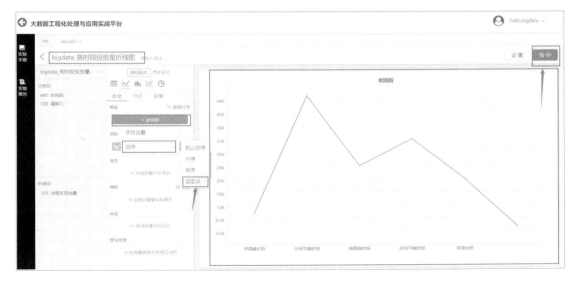

图6-51　更改折线图横坐标的顺序

步骤三：制作报表

接下来根据第二个业务需求制作相对应的报表，单击☑按钮打开 Visual 组件的 View 界面，单击右上角的▇按钮，报表的制作需要两个步骤，分别是"编写 SQL"和"编辑数据模型与权限"。

在第二个业务需求中，反映各个热门地区的客运量排名，在该业务需求中，可以选择地区名称作为维度，客运量作为指标，计算出图表所需数据，在"st_trip_orc"和"dim_area"数据表中，涉及地区信息的字段是"dim_area"数据表中的"community"字段，客运量指标是通过统计订单数量计算的，因此输入如下 SQL 语句。将订单事实表和地区维度表进行关联，分组查询各个地区的订单数量并根据订单数量进行倒序排列，查询出热度前 10 名的地区，作为报表所需的计算指标：

```
SELECT
    dim_area.community AS 地区,
    --统计订单数量
    COUNT(1) AS 热度
FROM
    --关联订单事实表和地区维度表
    st_trip_orc
LEFT JOIN
    dim_area
ON st_trip_orc.dropoff_community_area = dim_area.community_area
AND
    st_trip_orc.pickup_community_area = dim_area.community_area
--按地区进行分组
GROUP BY dim_area.community
--按订单数量倒序排列
ORDER BY COUNT(1) DESC
--获取前 10 名热门地区
LIMIT 10
```

输入 SQL 语句后，接下来配置视图的数据源，在界面左侧的第一个输入框中，输入视图的名称"bigdata_热门地区 TOP10"；在第三个输入框中选择刚才连接的数据源名称"kylin_taxi"。

数据源配置成功后，为了检验配置的数据源及 SQL 语句是否有问题，单击"执行"按钮，若返回"地区"及"热度"两列数据，则表示执行成功，单击右下角的"下一步"按钮，如图 6-52 所示。

图6-52 配置第二个业务需求的数据源

在"编辑数据模型与权限"中,字段名称分别为"地区"及"热度",其中将"地区"字段设置为"维度"数据类型,"热度"字段设置为"指标"数据类型,单击"保存"按钮,如图 6-53 所示。

图6-53 配置第二个业务需求的数据模型

从任务描述中可以了解第二个业务需求是反映各个热门地区的客运量排名,使用报表能够很好地反映各个热门地区的客运量排名,因此接下来介绍如何制作报表。

单击 按钮打开"Widget"界面,再单击 按钮,然后在界面的左上角下拉列表框中,选择刚才创建的"bigdata_热门地区 TOP10"视图。

选择"地区"作为维度,"热度"作为指标,因此将"分类型"列表框中的"地区"字段拖动到维度虚线框中,将"数值型"列表框中的"热度"字段拖动到指标虚线框中,若右侧视图出现表格,则表示正确配置维度信息及度量信息。

报表制作成功后，在界面上方输入 Widget 名称为"bigdata_热门地区 TOP10 报表"，接着单击"保存"按钮，若提示保存成功则操作正确，如图 6-54 所示。

图6-54　单击"保存"按钮

步骤四：制作柱状图

根据第三个业务需求制作相对应的柱状图，单击☑按钮打开 Visual 组件的 View 界面，单击█按钮，柱状图的制作需要两个步骤，分别是"编写 SQL"和"编辑数据模型与权限"。

在第三个业务需求中，需要反映本市出租车各个季度的客运量，通过对该需求的文字理解，可以选择季度作为维度，客运量作为指标，计算出图表所需数据，在"st_trip_orc"数据表中涉及维度信息的字段是"trip_date"，因此输入如下 SQL 语句，分组查询各个季度的客运量，作为报表所需的计算指标：

```
SELECT
    QUARTER(st_trip_orc.trip_date) AS 季度,
    --计算客运量
    COUNT(1) AS 客运量
FROM st_trip_orc
--按照季度信息进行分组
GROUP BY QUARTER(st_trip_orc.trip_date)
```

输入 SQL 语句后，接下来配置视图的数据源，在界面左侧的第一个输入框中，输入视图的名称"bigdata_本市出租车各个季度客运量"；在第三个输入框中选择刚才连接的数据源名称"kylin_taxi"。

数据源配置成功后，为了检验配置的数据源及 SQL 语句是否有问题，单击"执行"按钮，若返回"季度"及"客运量"两列数据，则表示计算成功，单击右下角的"下一步"按钮，如图 6-55 所示。

图6-55　配置第三个业务需求的数据源

在"编辑数据模型与权限"中，字段名称分别为"季度"及"客运量"，其中将"季度"字段设置为"维度"数据类型，"客运量"字段设置为"指标"数据类型，单击"保存"按钮，如图 6-56 所示。

图6-56　配置第三个业务需求的数据模型

从任务描述中可以了解第三个业务需求是反映本市出租车各个季度的客运量，该功能要求体现数据量的大小特征，而柱状图常用于比较不同数据量之间的多少，因此可以使用柱状图对数据进行展示，接下来介绍如何制作柱状图。

单击█按钮打开"Widget"界面，单击█按钮，然后在界面的左上角下拉列表框中，选择刚才创建的"bigdata_本市出租车各个季度客运量"视图。

选择"季度"作为维度，"客运量"作为指标，因此将"分类型"列表框中的"季度"字段拖动到维度虚线框中，将"数值型"列表框中的"客运量"字段拖动到指标虚线框中，若右侧视图出现表格，则表示正确配置维度信息及度量信息，如图 6-57 所示。

图6-57　配置维度信息及度量信息

在第三个业务需求中，要使用柱状图的方式展示本市出租车各个季度客运量情况，因此还需要将图表格式转化为柱状图，单击"透视驱动"列表框中的"柱状图"按钮，若右侧的视图成功转化为柱状图，则表示图形转换成功。

柱状图制作成功后，在界面上方输入 Widget 名称为"bigdata_本市出租车各个季度客运量柱状图"，接着单击"保存"按钮，若提示保存成功则操作正确，如图 6-58 所示。

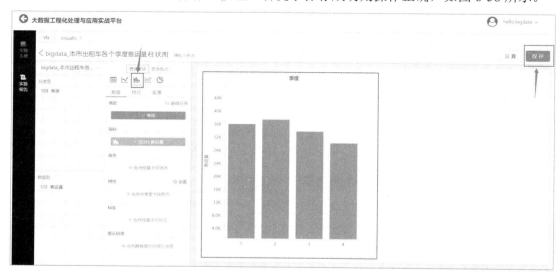

图6-58　单击"保存"按钮

步骤五：汇总报表

接下来需要将前文的图表进行汇总，生成一个汇总报表。单击 🖥 按钮打开 Visual 组件的 Viz 界面，再单击"Dashboard"下的"创建新 Dashboard"按钮，如图 6-59 所示。

图6-59 单击"创建新 Dashboard"按钮

打开"新增 Portal"对话框，在"名称"输入框中输入"bigdata_taxi"，单击"保存"按钮，如图 6-60 所示。

图6-60 设置"新增 Portal"对话框

创建完成之后，在"Dashboard"下面将会新增加一个项目"bigdata_taxi"，单击"bigdata_taxi"图标即可打开该项目，如图 6-61 所示。

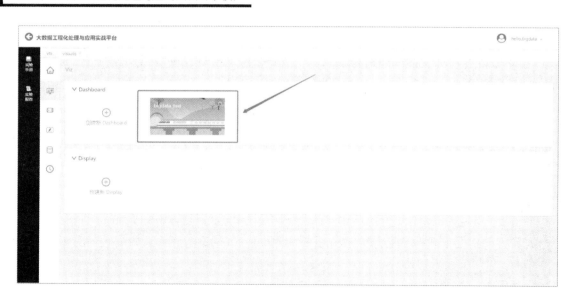

图6-61 单击"bigdata_taxi"图标

在界面的左上角有一个"+"按钮，可以通过单击该按钮创建仪表盘，如图 6-62 所示。

图6-62 创建仪表盘

单击"+"按钮之后，打开"新增"对话框，在"名称"输入框中输入"bigdata_taxi"，单击"保存"按钮，如图 6-63 所示。

图6-63　设置"新增"对话框

创建完对应的仪表盘之后，需要将前文制作的图表都导入该仪表盘中。单击右上角的蓝色加号按钮，将会打开"新增 Widget"对话框，在该对话框中可以完成"Widget"、"数据更新"和"完成"3 个步骤。

在"Widget"中，需要选择导入仪表盘的数据表，勾选"名称"、"bigdata_各时段投放量折线图"、"bigdata_热门地区 TOP10 报表"及"bigdata_本市出租车各个季度客运量柱状图"复选框，单击"下一步"，如图 6-64 所示。

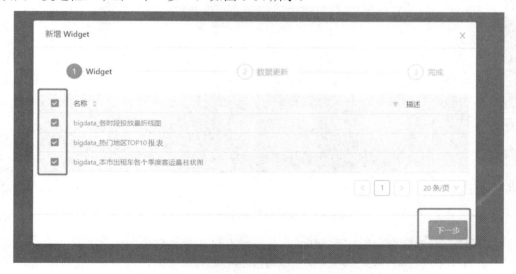

图6-64　设置"新增 Widget"对话框

在"数据更新"中，需要选择数据刷新模式，在此选择默认的"手动刷新"，选择完成后，单击"保存"按钮，如图 6-65 所示。

图6-65　设置"数据刷新模式"为"手动刷新"

若 3 个图表都展示在仪表盘中，则表示成功将数据表导入仪表盘，如图 6-66 所示。

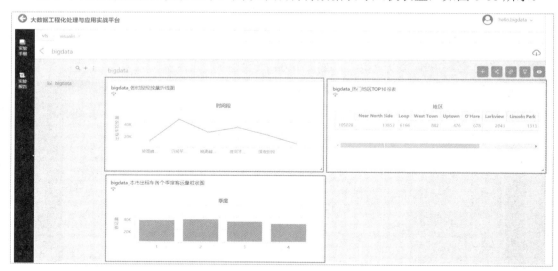

图6-66　成功将数据表导入仪表盘

第一个业务需求反映了工作日和非工作日各时段出租车投放量的变化特征，在该业务需求中，首先以星期名称和时间段名称作为维度，然后按时间段维度进行展示，接下来使用全局控制器来配置星期维度。

单击"全局控制器配置"按钮，如图 6-67 所示。

图6-67 单击"全局控制器配置"按钮

打开"全局控制器配置"对话框，单击"控制器列表"右侧的"+"按钮添加控制器，并通过单击"新建控制器"右侧的"修改"按钮修改控制器的名字，修改为"星期"，如图 6-68 所示。

图6-68 设置"全局控制器配置"对话框

在关联图表中勾选"bigdata_各时段投放量折线图"复选框，在其下方的"关联字段"列表框中选择"星期几"，单击"保存"按钮，如图 6-69 所示。

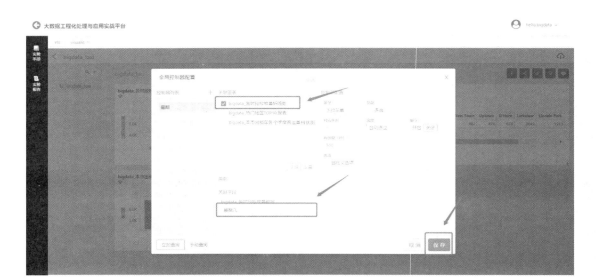

图6-69　选择关联图表

保存成功后，在图表的左上方，将会出现选择框，可以通过该选择框，选择所需要展示星期几的时段投放量折线图。若通过选择不同的星期，折线图发生了不同的变化，则表示控制器创建成功，如图 6-70 所示。

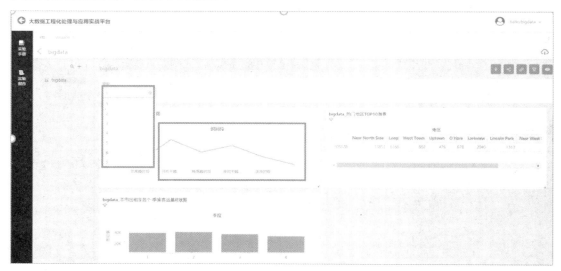

图6-70　控制器运行结果

【任务小结】

在本任务的学习中，读者可以将报表工具和 OLAP 工具进行连接，编写 SQL 语句实现计算指标的即席查询，选择合适的图表类型将数据以图表形式展现出来，最终将各个图表信息汇总并实现交互式报表。

通过以上技能实践，希望读者可以巩固 SQL 语句编写、报表制作等知识。

【任务拓展】

基于本项目的业务场景和原始数据，请尝试实现以下任务。

（1）为了了解竞争对手的收入情况，请设计并开发一张报表，统计某出租车公司各个季度的收入比例。

（2）为了了解竞争对手的服务质量情况，请设计并开发一张报表，任选某一出租车公司，统计该出租车公司本年度服务质量的变化情况。

项目七
基于 ElasticSearch 的
影评数据应用

【引导案例】

　　电影评分的目的在于分析、鉴定和评价蕴含在银幕中的审美价值、社会意义等信息。影评分数会影响观众对影片的理解和鉴赏，提高观众的欣赏水平，从而间接促进电影艺术的发展。艺术是多元化的，多元化就意味着它并没有绝对标准。对一部电影来说，不同的人有不同的观影角度及解读角度，因此一部电影可能有低分段，也可能有高分段，但是其平均分依然可以代表大多数观众对这部电影的评价。

　　当与亲朋好友外出活动时，是不是会更多地考虑去电影院挑选一部场面火爆、情节紧凑的电影，体验久违的热血激情呢？而在观影之前，大家是不是就已经通过手机移动端上的各种观影购票 APP 或者微博、微信、豆瓣等网络社交媒体上推送的影讯、网友影评等影片信息，来挑选并确定要看的电影呢？其实，在不知不觉中，从接触电影评论情况到进行观影选择，再到购票及发布影评等一系列观影活动都越来越习惯于通过移动互联网来完成。而当我们的观影习惯发生改变时，电影的营销宣传方式也自然会随之变化。

　　电影评分不仅可以帮助观众进行观影选择，还可以帮助发行商了解这部影片的市场反响并用来营销宣传。某电影媒体门户网站希望构建一套电影检索系统，用户可以通过简单的关键字搜索到一系列相关电影，并且可以根据电影类型、上映时间、评分等字段对搜索结果进行结果过滤或排名。除此之外，为了方便用户更快找到喜欢的电影，赚取发行商影片推广收益，该网站还希望能将热门电影等数据以报表形式展现出来。

　　传统的做法是在 MySQL 等关系型数据库上构建特殊索引从而实现全文检索，但操作上较为烦琐且效率较低。那么有没有更好的工具能帮助我们实现全文检索呢？

任务一　构建全文搜索系统

【能力目标】

通过本任务的教学，读者理解相关知识之后，应达到以下能力目标。

- 根据数据结构及组织方式，能编写脚本、REST 请求命令，编写相应索引、类型及文档，获得匹配的索引结构。
- 根据索引结构，能使用图形化工具或 REST 请求命令，将数据完整导入分布式搜索组件，获得可全文检索的数据系统。
- 根据修改后的模型，创建并使用数据立方，编写条件查询语句进行数据查询，查询目标数据并存储。

【任务描述与要求】

任务描述：

数据处理人员已经将电影的影评分数和用户信息整合成一张宽表，存储在 Hive 数据仓库中。在实现关键字搜索功能时，开发人员发现传统数据库系统对全文检索的支持性不佳，因此该公司决定使用 ElasticSearch（以下简称为 ES）作为全文检索引擎。在技术预研阶段，项目经理计划在搭载 ES 的分析平台 Kibana 上实现以下 3 个功能，用于评估功能的可行性。

- 当用户输入任意关键字时，可以根据相关性高低显示搜索结果。
- 可以根据用户的个人信息，向用户推送符合其偏好的高评分电影。
- 该搜索系统可以统计出观众最喜欢的十大电影类型。

任务要求：

- 能使用 ES 创建合适的索引及映射结构。
- 将数据高效并完整地导入 ES 检索系统中。
- 能使用 REST 请求命令实现全文检索。

【任务资讯】

1. 影评项目的业务逻辑

我们可以使用爬虫方式或从电影平台的业务数据库中获取电影数据，而对电影数据进行全文检索，基础数据已经是经过处理后的数据，可以直接获取数据进行全文检索。

当获取电影的评分数据后，可以根据数据检索出用户最喜欢的电影类型，还可以根据用户评分情况划分电影等级：力荐、推荐、还行、较差、很差。通过用户评分能直观反映观众的观后感，也可以评价出电影水平高低。

2．ES 的核心概念

- 索引。

正如使用数据库时先要创建"Database"一样，ES 为了将所有数据组织起来，先要创建索引（Index）。

- 类型。

类型（Type）模拟的是数据库中的"Table"概念，一个索引库下可以存在不同格式的索引。但过多的类型可能导致索引库出现混乱，因此这个概念正在不断简化，已不需要额外指定。

- 文档。

文档（Document）表示存入索引库的数据，相当于数据库中的每行数据，包含了多个字段（Field）信息。

- 映射。

映射（Mapping）是定义文档的过程，包括确定文档中存在哪些字段、字段类型、字段是否分词等内容。ES 可以根据导入的数据自动创建索引，但只包含必选配置，难以进行复杂查询。

3．基于 ES 的全文检索实现方法

进行全文检索的关键在于配置映射关系，在配置映射关系时需要确定好字符型数据的字段类型。ES 对字符型数据可以分为以下两种字段类型。

（1）Text 字段类型：支持分词，将大段的文字根据分词器切分成独立的词或词组，常用于全文检索，但不适用于排序和聚合。

（2）Keyword 字段类型，不支持分词处理，用于匹配完整关键字。

如果选择了 Text 字段类型，ES 会提供一套系统字段的默认分词器。分词器把一段文字划分为一个个的关键字，在搜索时常常会将数据库或索引库的数据进行分词，从而实现匹配查询操作。对英文来说，ES 默认的 stand 分词器即可满足大部分业务场景需求。但是默认的中文分词器却会将每个字看作一个词，这显然不符合本任务的要求，因此可以使用 ik 分词器。ik 分词器提供了两种分词算法：ik_smart 和 ik_max_word。其中，ik_smart 实现最少切分，而 ik_max_word 则提供最细粒度划分（将会切分出更多的词）。

全文检索除了匹配字符，有可能还会对匹配的字符进行排序或聚合计算，这时就需要开启用于支持正排索引的"fielddata"和用于支持词频计算的"term_vector"。

【任务计划与决策】

1．观察数据

当使用 ES 创建索引时，在设定映射的过程中需要指定字段的类型。由于索引一旦创

建，难以直接修改。因此在数据观察阶段中，除了对数据内容进行观察，还需要仔细确定原始数据的字段类型。

2．索引设计

对于在电影业务场景下，字段可能会需要进行分词处理，如电影类型，某电影可能会是动作、冒险与爱情类型，这时就需要用到分词器，将其进行分词处理，而这种属性字段一般为中文，一般的分词可能满足不了需求，这时会需要额外指定 ik 分词器，用于将不同的电影类型提取出来。

除此之外，如果对于统计相关指标，并且涉及"排序"和"词频统计"，则还需要对某字段配置"filedata"与"term_vector"两个参数用于支持复杂查询。

3．导入数据

经过处理后的数据一般存储在数据仓库的数据集市层中，而 ES 虽然提供了用于访问 Hive 的接口，但是必须创建一张映射表，才能获取 Hive 中的数据。随后以"insert"形式将原始数据插入，即可实现数据在 Hive 和 ES 之间的导入/导出。

但是在创建映射表时需要注意"es.index.auto.create"参数，该参数默认处于开启状态。如果将"es.index.auto.create"设置为默认状态，ES 就会根据导入的数据自动创建索引和映射，并且映射的非必选参数全部为默认状态，不便于实现复杂查询，因此必须将其参数值设置为"false"使其关闭。

4．检索数据

将原始数据导入索引后，就可以使用 REST 请求命令编写查询语句，实现任务目标中的数据检索功能。

【任务实施】

根据任务计划与决策的内容，可以推导出如下所示的操作流程。

- 对数据进行观察并分析，根据得出的电影评分表相关字段及属性使用"kibana"创建相对应的索引。
- 根据电影评分表结构，创建 Hive 关联数据表，通过将电影评分表中的数据覆盖写入 Hive 关联表中，实现将数据插入 ES 中。
- 按照任务要求，依次使用指定方法检索数据，并对检索结果进行检验。

具体实施步骤如下。

步骤一：创建索引

为了能够创建对应的字段索引，先对数据进行观察。创建 hql 节点，并重命名为"observe_hive"，打开该节点并输入如下代码：

```
USE x_class;
--查询电影评分表建表信息
SHOW CREATE TABLE x_class.jx22x41_p9_movies_origin;
```

编写完代码后保存并运行，若返回结果为电影评分表的建表语句，则表示查询成功，运行结果如图 7-1 所示。

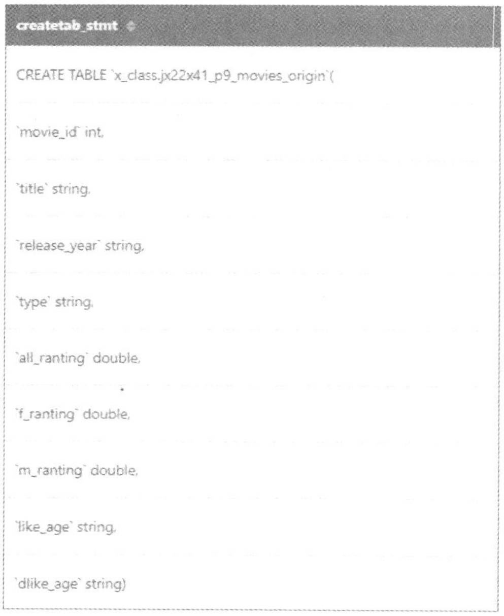

createtab_stmt
CREATE TABLE `x_class.jx22x41_p9_movies_origin`(
`movie_id` int,
`title` string,
`release_year` string,
`type` string,
`all_ranting` double,
`f_ranting` double,
`m_ranting` double,
`like_age` string,
`dlike_age` string)

图7-1　查询电影评分表建表信息

从上述运行结果可以观察到电影评分表有以下字段属性，如表 7-1 所示。

表7-1　电影评分表的字段属性

字 段 名 称	字 段 类 型	含　义
movie_id	int	电影 ID
title	string	电影名称
release_year	string	上映年份
type	string	电影类型
all_ranting	double	总平均分
f_ranting	double	女性平均分
m_ranting	double	男性平均分
like_age	string	好评最多的年龄段
dlike_age	string	差评最多的年龄段

为了了解更多的电影评分表内容，注释当前所有代码，并输入如下代码查询：

```
SELECT * FROM x_class.jx22x41_p9_movies_origin;
```

编写完代码后保存并运行，若能正确返回数据内容，则表示查询成功，运行结果如图 7-2 所示。

movie_id ⇕	title ⇕	release_year ⇕	type ⇕	all_ranting ⇕	f_ranting ⇕	m_ranting ⇕	like_age ⇕	dlike_age ⇕
1	Toy Story	1995	动画|儿童|喜剧	4.1	4.2	4.1	年轻观众	老年观众
2	Jumanji	1995	冒险|儿童|魔幻	3.2	3.3	3.2	年轻观众	老年观众
3	Grumpier Old Men	1995	喜剧|爱情	3	3.1	3	年轻观众	青少年观众
4	Waiting to Exhale	1995	喜剧|剧情	2.7	3	2.5	年轻观众	青少年观众
5	Father of the Bride Part II	1995	喜剧	3	3.2	2.9	年轻观众	老年观众
6	Heat	1995	动作|犯罪|恐怖	3.9	3.7	3.9	年轻观众	青少年观众
7	Sabrina	1995	喜剧|爱情	3.4	3.6	3.3	年轻观众	青少年观众
8	Tom and Huck	1995	冒险|儿童	3	3.4	2.8	年轻观众	老年观众

图7-2　查询电影评分表内容

根据查询结果可以观察到，"release_year"、"like_age"及"dlike_age"字段属于标签类型，不需要使用 ES 切分词，因此在后续的步骤中将这 3 个字段定义为不可切分的"keyword"类型；"type"字段描述的电影类型可以使用"|"分割。

单击"Kibana"组件创建其节点，如图 7-3 所示。

图7-3　单击"Kibana"组件

输入用户名及密码，登录成功后，选择"管理 Elastic Stack"模块中的"控制台"选项，如图 7-4 所示。

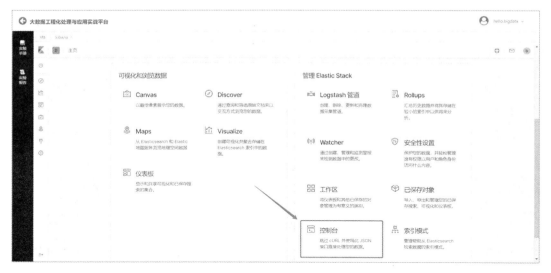

图7-4　选择"控制台"选项

根据前文得出的电影评分表相关字段及其属性，在控制台的左侧输入如下代码，创建名称为 bigdata 的索引：

```
PUT /bigdata
{
  "mappings":
  {
  }
}
```

在"mappings"属性中添加如下代码，定义电影评分表对应索引属性：

```
"properties" :
 {
 }
```

在"properties"属性中添加如下代码，定义类型为"integer"的"movie_id"字段：

```
"movie_id" :
 {
    "type": "integer"
 }
```

在"properties"属性中添加如下代码，定义类型为"text"的"title"字段：

```
,"title" :
{
   "type": "text",
}
```

由于该字段涉及复杂查询，在"title"属性中，""type": "text""的下方添加如下代码开启存储向量信息，定义向量的存储格式为"数据+位置+偏移量"：

```
"term_vector": "with_positions_offsets",
"fielddata":"true"
```

在"properties"属性中添加如下代码，定义类型为"keyword"的"release_year"字段，

被"keyword"修饰的字段不进行分词，存储整个对象：

```
,"release_year":
{
"type": "keyword"
}
```

在"properties"属性中添加如下代码，定义类型为"text"的"type"字段：

```
,"type":
{
  "type": "text",
}
```

由于要使用分词器切分出对应的电影类型，在"type"属性中，""type": "text""的下方添加如下代码，对"type"属性使用 ik 分词器进行粗粒度拆分，并存储向量信息：

```
"analyzer": "ik_smart",
"term_vector": "with_positions_offsets",
"fielddata":"true"
```

在"properties"属性中添加如下代码，定义"double"类型的"all_ranting"字段：

```
,"all_ranting":
{
  "type":"double"
}
```

在"properties"属性中添加如下代码，定义"double"类型的"f_ranting"字段：

```
,"f_ranting":
{
  "type":"double"
}
```

在"properties"属性中添加如下代码，定义"double"类型的"m_ranting"字段：

```
,"m_ranting":
{
  "type":"double"
}
```

在"properties"属性中添加如下代码，定义"keyword"类型的"like_age"字段：

```
,"like_age":
{
  "type":"keyword"
}
```

在"properties"属性中添加如下代码，定义"keyword"类型的"dlike_age"字段：

```
,"dlike_age":
{
  "type":"keyword"
}
```

输入代码后，单击输入框右上角的"执行"按钮，若右侧的返回结果中包含""acknowledged": true"，则表示成功创建索引，运行结果如图 7-5 所示。

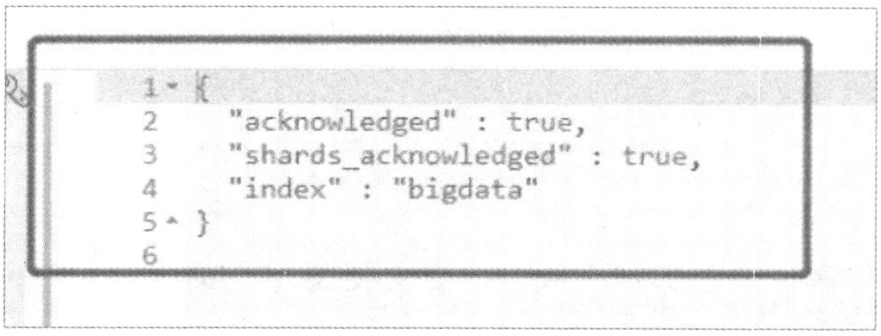

图7-5　成功创建索引

步骤二：关联 Hive 数据

创建一个名为"connect"的 hql 节点，根据电影评分表结构，创建 Hive 关联数据表，输入如下代码：

```
USE bigdata_app;
CREATE TABLE IF NOT EXISTS bigdata_app.app_movie(
    --字段顺序及结构保持与电影评分表相同
    movie_id int,
    title string,
    release_year string,
    type string,
    all_ranting double,
    f_ranting double,
    m_ranting double,
    like_age string,
    dlike_age string)
--设置为 ES 存储格式
STORED BY 'org.elasticsearch.hadoop.hive.EsStorageHandler'
TBLPROPERTIES(
--配置连接，连接指定索引
'es.resource' = 'bigdata',
--开启自动创建索引
'es.index.auto.create' = 'true',
--配置 ES 运行环境 IP 地址及端口号
'es.nodes' = '86.7.15.62',
'es.port' = '9200',
--启动"连接器禁用发现"服务
'es.nodes.wan.only'='true',
--配置用户名及密码（密码需要根据实际情况进行配置）
'es.net.http.auth.user'='bigdata',
'es.net.http.auth.pass'='bigdata');
```

输入代码后保存并运行，若运行成功则表示代码无异常。为了检验是否正确创建 Hive 关联数据表，切换到"observe_hive"节点，注释当前所有代码，并输入如下代码查询：

```
--查询 Hive 关联数据表结构
DESC bigdata_app.app_movie;
```

若能成功返回字段信息，则表示成功创建 Hive 关联数据表，运行结果如图 7-6 所示。

col_name	data_type	comment
movie_id	int	from deserializer
title	string	from deserializer
release_year	string	from deserializer

图7-6　查询 Hive 关联数据表是否创建成功

接下来，通过将电影评分表中的数据写入 Hive 关联数据表中，实现对 ES 中索引的数据关系，创建一个名为"insert"的 hql 节点，打开该节点并输入如下代码：

```
--由于 Hive 没有 ES 的 Jar 包，因此要手动添加 Jar 包
add jar /opt/newland/core/hive/lib/elasticsearch-hadoop-7.6.0.jar;
INSERT OVERWRITE TABLE bigdata_app.app_movie SELECT * FROM
x_class.jx22x41_p9_movies_origin;
```

输入代码后保存并运行，若运行成功则表示代码无异常。为了检验是否正确将数据插入 ES 中，切换到 Kibana 控制台，输入如下代码：

```
GET /bigdata/_search
{
}
```

输入代码后，单击"执行"按钮，若从运行结果可以看到电影评分表的数据，则表示成功插入数据，运行结果如图 7-7 所示。

```
1  {
2    "took" : 0,
3    "timed_out" : false,
4    "_shards" : {
5      "total" : 1,
6      "successful" : 1,
7      "skipped" : 0,
8      "failed" : 0
9    },
10   "hits" : {
11     "total" : {
12       "value" : 3445,
13       "relation" : "eq"
14     },
15     "max_score" : 1.0,
16     "hits" : [
17       {
18         "_index" : "bigdata",
19         "_type" : "_doc",
20         "_id" : "d-Go0ncBKyUpAjVllJBL",
21         "_score" : 1.0,
22         "_source" : {
23           "movie_id" : 1,
24           "title" : "Toy Story",
25           "release_year" : "1995",
26           "type" : "动画|儿童|喜剧",
27           "all_ranting" : 4.1,
28           "f_ranting" : 4.2,
29           "m_ranting" : 4.1,
30           "like_age" : "年轻观众",
31           "dlike_age" : "老年观众"
```

图7-7　查询数据是否成功插入 ES 中

步骤三：检索数据

从本任务描述中，可以了解第一个任务需求是当用户输入任意关键字时，可以根据相关性高低显示搜索结果。

假设搜索页面每页展示 10 条搜索结果，用户将"Love"作为搜索关键字，希望能搜出与爱情相关的电影。那么需要设置"title"字段作为全文检索字段，搜索所有电影标题中带有"Love"的电影，由于默认的排序方式就是匹配度，因此不需要指定排序字段。在实际项目中，为了减少资源占用，通常会对查询结果的数量进行限制，因此可以将"from"的值设置为"0"，"size"的值设置为"10"，即可查询出所有搜索结果的前 10 条记录，输入如下代码：

```
GET /bigdata/_search
{
    "from" : 0, "size" : 10,
    "query" : {
        "match" : {"title":"Love"}
    }
}
```

输入代码后，单击"执行"按钮，若从运行结果可以看到每条返回的数据中"title"属性的值都包含"love"，则表示成功检索数据，运行结果如图 7-8 所示。

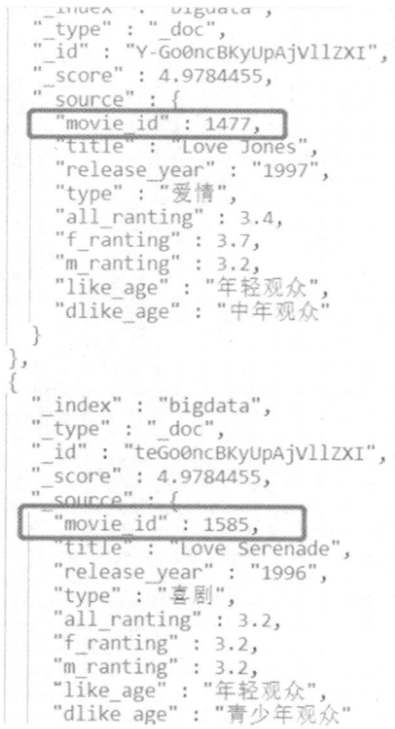

图7-8　检索 Love 作为关键字的电影信息

　　从本任务描述中，可以了解第二个任务需求是可以根据用户的个人信息，向用户推送符合其偏好的高分电影。

　　假设某用户的注册信息为 50 岁男性观众，在 ES 中，对电影喜好的年龄信息不是按数字进行划分的，而是按年龄段进行划分的，如表 7-2 所示。

表 7-2　年龄分段规则

年　　龄	年　龄　段
18 岁以下（不含）	青少年观众
18～35 岁（不含）	年轻观众
35～55 岁（不含）	中年观众
55 岁以上	老年观众

　　从表 7-2 的规则中可以知道 50 岁男性观众的年龄段为中年观众，且后台数据表明该用户经常观看喜剧标签的电影，因此在 ES 中需要进行多条件过滤，选取受众为中年观众的电影，然后以喜剧类型、男性影迷给出的 4 星～5 星推荐作为过滤条件，将结果按照总体评分的高低降序输出，代码如下：

```
GET /bigdata/_search
{
  "query":{
    "bool":{
    }
  }
}
```

　　由于在第一个任务需求中，电影推荐主要针对中年观众，因此在"bool"属性中添加如下代码，筛选出年龄段必须为中年观众的用户：

```
"must":{
   "term":{"like_age":"中年观众"}},
```

　　由于该用户为男性，并且喜欢喜剧类型电影，因此在"bool"属性中添加如下代码，筛选出 4 星～5 星的喜剧电影：

```
"filter": [
  {"term":{"type": "喜剧"}},
  {"range":{"m_ranting": {"gte": 4,"lte": 5}}}
]
```

　　最后，为了便于按推荐度从高到低的顺序进行观察，在最外层的花括号内，"query":{}结构的下方输入如下代码，按"all_ranting"属性降序排列：

```
,"sort":{"all_ranting":"desc"}
```

　　输入代码后，单击"执行"按钮，若能成功查询出数据，则表示查询成功，运行结果如图 7-9 所示。

```
        title  : General, The ,
        "release_year" : "1927",
        "type" : "喜剧",
        "all_ranting" : 4.4,
        "f_ranting" : 4.6,
        "m_ranting" : 4.3,
        "like_age" : "中年观众",
        "dlike_age" : "青少年观众"
      },
      "sort" : [
        4.4
      ]
    },
    {
      "_index" : "bigdata",
      "_type" : "_doc",
      "_id" : "seGo0ncBKyUpAjVllpud",
      "_score" : null,
      "_source" : {
        "movie_id" : 3307,
        "title" : "City Lights",
        "release_year" : "1931",
        "type" : "喜剧|剧情|爱情",
        "all_ranting" : 4.4,
        "f_ranting" : 4.5,
        "m_ranting" : 4.4,
        "like_age" : "中年观众",
        "dlike_age" : "青少年观众"
      },
      "sort" : [
        4.4
```

图7-9　向用户推送偏好高分电影

从本任务描述中，可以了解第三个任务需求是统计观众最喜欢的十大电影类型。

为了实现词频统计，需要使用"aggs"聚合语句，使用"terms"根据不同的电影题材将分词结果进行分组，将"size"的值设置为"10"，代码如下：

```
GET /bigdata/_search
{
  "size":0,
  "aggs":{
    "agg_type":{
      "terms":{
        "size":10,
        "field":"type"
      }
    }
  }
}
```

输入代码后，单击"执行"按钮，若从运行结果可以观察到返回的数据，并且"key"属性的排列顺序为"剧情"、"喜剧"、"恐怖"、"动作"、"爱情"、"冒险"、"科幻"、"儿童"、"犯罪"及"战争"，并且它们出现的次数分别为1359、1097、725、477、447、272、270、247、195及136，则表示成功统计观众最喜欢的十大电影类型，运行结果如图7-10所示。

```
"buckets" : [
  {
    "key" : "剧情",
    "doc_count" : 1359
  },
  {
    "key" : "喜剧",
    "doc_count" : 1097
  },
  {
    "key" : "恐怖",
    "doc_count" : 725
  },
  {
    "key" : "动作",
    "doc_count" : 477
  },
  {
    "key" : "爱情",
    "doc_count" : 447
  },
  {
    "key" : "冒险",
    "doc_count" : 272
  },
  {
    "key" : "科幻",
    "doc_count" : 270
  },
  {
    "key" : "儿童",
    "doc_count" : 247
  },
  {
    "key" : "犯罪",
    "doc_count" : 195
  },
  {
    "key" : "战争",
    "doc_count" : 136
  }
]
}
}
```

图7-10 统计观众最喜欢的十大电影类型

【任务小结】

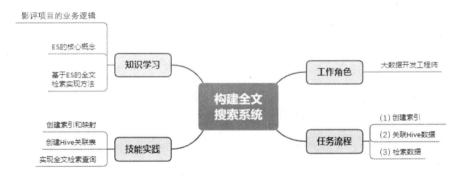

在本任务的学习中，读者可以对电影数据进行数据观察，从而构建符合任务要求的索引和映射；再将数据从 Hive 导入 ES 中，并编写代码，实现数据全文检索。

通过以上技能实践，希望读者可以加强巩固 ES 全文检索系统的操作使用，并熟悉 REST 请求命令的编写。

【任务拓展】

基于本项目的业务场景和原始数据，请尝试实现以下任务。

（1）如果不使用手动方式创建索引和映射，而是让 ES 根据插入内容自动创建索引和映射，会有怎样的结果呢？请尝试一下，并结合所学知识对系统创建的索引和映射进行调整。

（2）请尝试，如果在创建映射时使用 ik_max_word 算法对字段进行分词，则对查询结果会造成怎样的影响？

任务二　实现数据推送报表

【能力目标】

通过本任务的教学，读者理解相关知识之后，应达到以下能力目标。

- 根据参考报表样式，能使用合适的可视化工具及脚本编程方法，配置所需展示离线数据源的连接信息，正确连接数据系统，并获取报表初始数据。
- 能按照任务要求，对数据进行全文检索。
- 根据报表数据及离线数据需求，能使用可视化工具及脚本编程方法，生成符合业务需求的可交互查询动态数据报表。
- 使用获取的数据制作电影词云。
- 根据数据报表，能使用可视化工具及脚本编程方法，根据业务需求，完成可供决策支持的数据报表处理。
- 根据获得的图表，进行合并仪表盘，执行发布报表。

【任务描述与要求】

任务描述：

基于 ES 完成搜索系统的构建后，此时电影数据已经按照映射规则存储在 ES 系统中。虽然全文检索系统可以帮助用户根据关键字快速查找电影信息，但有时用户也没有明确的观影需求，所以还需要一些辅助性报表帮助他们进行选择。该公司的项目经理计划为用户提供观影推荐报表，报表包含以下内容。

- 能体现该电影门户网站内电影类型的比重。
- 能根据用户的个人信息，向用户推送符合其偏好的电影推荐榜。

任务要求：

- 创建指定索引模式，用于支持数据图表分析。
- 对数据进行高效率检索。
- 将计算指标数据以图表形式展现。

【任务资讯】

1．电影数据报表应用场景

报表并不仅仅用于管理层做决策分析，它也可以帮助策划人员、运营人员设计活动，还可以推送给用户，从而达到吸引用户兴趣的目的。对电影门户网站而言，基于本任务的实现目标，在设计报表时，从用户角度出发，将用户可能感兴趣的内容以图表形式推送。

2．Kibana 报表制作方法

使用 Kibana 制作报表，常用的功能有以下 3 种。

（1）Visualize（可视化）功能。

Visualize 是 Kibana 设计可视化图表的核心功能，包含多种图表类型，如饼图、柱状图、可视化地图等。在 Visualize 中有两个核心概念，分别是 "Metrics（指标）" 和 "Buckets（存储桶）"。前者用于指定聚合条件和指标字段，后者用于配置维度信息和排序信息。

（2）Discover（发现）功能。

Discover 功能可用于交互式探索数据，可以访问匹配到索引中的每条数据。用户可以提交搜索请求，通过配置条件筛选、排序等操作，查看最终的匹配结果，常用于非聚合条件表格的制作。

（3）Dashboard（仪表板）功能。

完成了各类图表制作后，图表仍然是单张的，无法建立联系，可以使用 Dashboard 功能将报表合为一体，实现 PDF 文件或超链接共享。

【任务计划与决策】

1．报表内容设计

在类似的业务场景中，报表的主要功能用于用户推送，因此需要围绕用户角度进行设计。对这些目标功能进行如下设计。

（1）如何体现该电影门户网站内电影类型的比重。

通过对该需求的文字理解，本质上其实就是词频的计算。通过对电影类型分词，以电影类型作为维度，各种电影类型累计出现的次数作为指标，计算出图表所需数据。为了体现各类电影类型的比重，可以使用扇形图或词云图的形式展示。但词云图相比扇形图来说，词频数量级的大小体现更加直观，因此更适合使用词云图展示。

（2）如何实现电影推荐榜。

通过对该需求的文字理解，需要根据后台提供的用户信息，对电影数据进行过滤筛选，筛选出符合该用户喜好的电影。由于不涉及维度和指标问题，因此这里需要使用 Discover（发现）功能实现记录的过滤、筛选，将该搜索结果保存到 Dashboard（仪表板）中展示。

2. 连接数据系统

经过报表的前期设计后，接下来便可以开始实现具体的报表内容。虽然 Kibana 可以实现 ES 的相关操作，但报表等非 ES 原生功能并不能被直接使用，而是需要为相应的 ES 索引创建索引模式，才能调用 ES 中的原始数据。

3. 报表实现

实现数据系统的连接后，就可以使用【任务资讯】中提到的"Visualize"和"Discover"功能构建各个报表组件，并通过"Dashboard"功能实现报表汇总和发布。在制作过程中，需要考虑颜色的美观性等细节。

【任务实施】

根据任务计划与决策的内容，可以推导出如下所示的操作流程。

- 对数据进行观察并分析，根据任务一得出的电影评分表相关字段及其属性使用 Kibana 创建相对应的索引。
- 使用 Kibana "管理 Elastic Stack"模块下的"索引模式"按照步骤及要求创建索引模式，并将该索引设置为默认索引模式。
- 使用 Kibana 提供的组件实现能根据用户的个人信息，向用户推送符合其偏好的电影推荐榜。
- 使用 Kibana 提供的组件体现该电影门户网站内电影类型的比重，使用图表的方式直观展示电影类型的比重情况。

具体实施步骤如下。

步骤一：创建索引

单击"Kibana"组件创建该节点，输入用户名及密码，登录成功后，选择"管理 Elastic Stack"模块下的"控制台"选项。

在控制台的左侧输入如下代码创建名为"bigdata"的索引：

```
PUT /bigdata
{
  "mappings":
  {
    "properties" :
    {
      "movie_id" :
      {
        "type": "integer"
      }
      ,"title" :
      {
        "type": "text",
        "term_vector": "with_positions_offsets",
        "fielddata":"true"
```

```
        }
        ,"release_year":
        {
         "type": "keyword"
        }
        ,"type":
        {
          "type": "text",
          "analyzer": "ik_smart",
          "term_vector": "with_positions_offsets",
          "fielddata":"true"
        }
        ,"all_ranting":
        {
          "type":"double"
        }
        ,"f_ranting":
        {
          "type":"double"
        }
        ,"m_ranting":
        {
          "type":"double"
        }
        ,"like_age":
        {
          "type":"keyword"
        }
        ,"dlike_age":
        {
          "type":"keyword"
        }
      }
    }
}
```

　　输入代码后，单击"执行"按钮，若返回结果中包含""acknowledged" : true"，则表示成功创建索引，运行结果如图 7-11 所示。

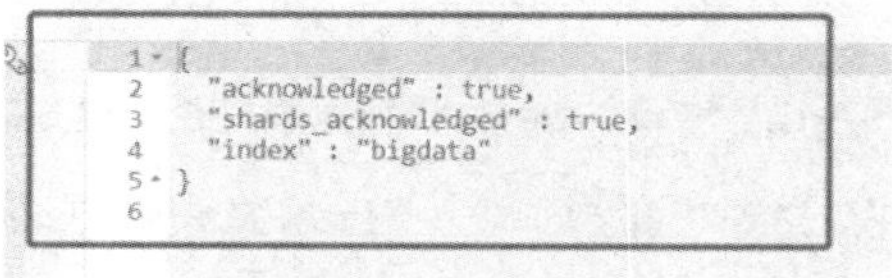

```
1 ▾ {
2      "acknowledged" : true,
3      "shards_acknowledged" : true,
4      "index" : "bigdata"
5 ▾ }
6
```

图7-11　创建名为"bigdata"的索引

　　创建一个名为"connect"的 hql 节点，创建 Hive 关联数据表，输入如下代码：

```
USE bigdata_app;
--创建 Hive 关联数据表结构
CREATE TABLE IF NOT EXISTS bigdata_app.app_movie(
--字段顺序及结构与电影评分表相同
```

```
    movie_id int,
    title string,
    release_year string,
    type string,
    all_ranting double,
    f_ranting double,
    m_ranting double,
    like_age string,
    dlike_age string)
--设置为 ES 存储格式
STORED BY 'org.elasticsearch.hadoop.hive.EsStorageHandler'
TBLPROPERTIES(
--配置连接，连接指定索引
'es.resource' = 'bigdata',
--开启自动创建索引
'es.index.auto.create' = 'true',
--配置 ES 运行环境 IP 地址及端口号
'es.nodes' = '86.7.15.62',
'es.port' = '9200',
--启动"连接器将禁用发现"服务
'es.nodes.wan.only'='true',
--配置用户名及密码（密码需要根据实际情况进行配置）
'es.net.http.auth.user'='bigdata',
'es.net.http.auth.pass'='bigdata');
```

　　输入代码后保存并运行，若运行成功则表示代码无异常。为了检验是否成功创建 Hive 关联数据表，切换到"observe_hive"节点，注释当前所有代码并输入如下代码查询：

```
--查询 Hive 关联数据表结构
DESC bigdata_app.app_movie;
```

　　若能返回字段信息，则表示成功创建 Hive 关联数据表，运行结果如图 7-12 所示。

col_name ⬍	data_type ⬍	comment ⬍
movie_id	int	from deserializer
title	string	from deserializer
release_year	string	from deserializer

共9条 | 1 | 50 条/页 ∨

图7-12　查询 Hive 关联数据表是否创建成功

　　接下来，通过将电影评分表中的数据写入 Hive 关联数据表中，实现对 ES 中索引的数据关联，创建一个名为"insert"的 hql 节点，打开该节点并输入如下代码：

```
--由于 Hive 没有 ES 的 Jar 包，因此要手动添加 Jar 包
add jar /opt/newland/core/hive/lib/elasticsearch-hadoop-7.6.0.jar;
INSERT OVERWRITE TABLE bigdata_app.app_movie SELECT * FROM
x_class.jx22x41_p9_movies_origin;
```

　　输入代码后保存并运行，若运行成功则表示代码无异常。为了检验是否将数据插入 ES

中，切换到 Kibana 控制台，输入如下代码：

```
GET /bigdata/_search
{
}
```

输入代码后，单击"执行"按钮，若从运行结果可以看到电影评分表的数据，则表示成功插入数据，运行结果如图 7-13 所示。

```
 6       "successful" : 1,
 7       "skipped" : 0,
 8       "failed" : 0
 9   },
10   "hits" : {
11       "total" : {
12           "value" : 3445,
13           "relation" : "eq"
14       },
15       "max_score" : 1.0,
16       "hits" : [
17           {
18               "_index" : "bigdata",
19               "_type" : "_doc",
20               "_id" : "7OG_0ncBKyUpAjVl7J3U",
21               "_score" : 1.0,
22               "_source" : {
23                   "movie_id" : 1,
24                   "title" : "Toy Story",
25                   "release_year" : "1995",
26                   "type" : "动画|儿童|喜剧",
27                   "all_ranting" : 4.1,
28                   "f_ranting" : 4.2,
29                   "m_ranting" : 4.1,
30                   "like_age" : "年轻观众",
31                   "dlike_age" : "老年观众"
32               }
33           },
34           {
35               "_index" : "bigdata",
36               "_type" : "_doc",
```

图7-13 检验数据是否成功插入 ES 中

步骤二：创建索引模式

返回 Kibana 组件的主页面，选择"管理 Elastic Stack"模块中的"索引模式"选项，打开"管理/索引模式"页面，单击"创建索引模式"按钮，如图 7-14 所示。

图7-14 单击"创建索引模式"按钮（1）

　　将会显示"第 1 步（共 2 步）：定义索引模式"，该步骤需要在索引模式中匹配所需要的索引，输入刚才创建好的索引名称"bigdata"，当出现"成功！您的索引模式匹配 1 个索引。"提示信息时，则表示定义索引成功，单击"下一步"按钮，如图 7-15 所示。

图7-15　单击"下一步"按钮

　　"第 2 步（共 2 步）：配置废置"属于可选步骤，Kibana 会默认生成一个唯一索引标识符 ID，也可以单击"显示高级选项"，输入自定义标识符 ID。在此处使用默认标识符，单击"创建索引模式"按钮，如图 7-16 所示。

图7-16　单击"创建索引模式"按钮（2）

Kibana 根据 ES 中的索引映射规则，读取 ES 各个字段，自动赋予 Kibana 专属的字段类型，并表示是否可搜索/聚合。确认字段无误后，单击 ★ 按钮，将该索引设置为默认索引模式，可以省去制作报表时选择索引的步骤，如图 7-17 所示。

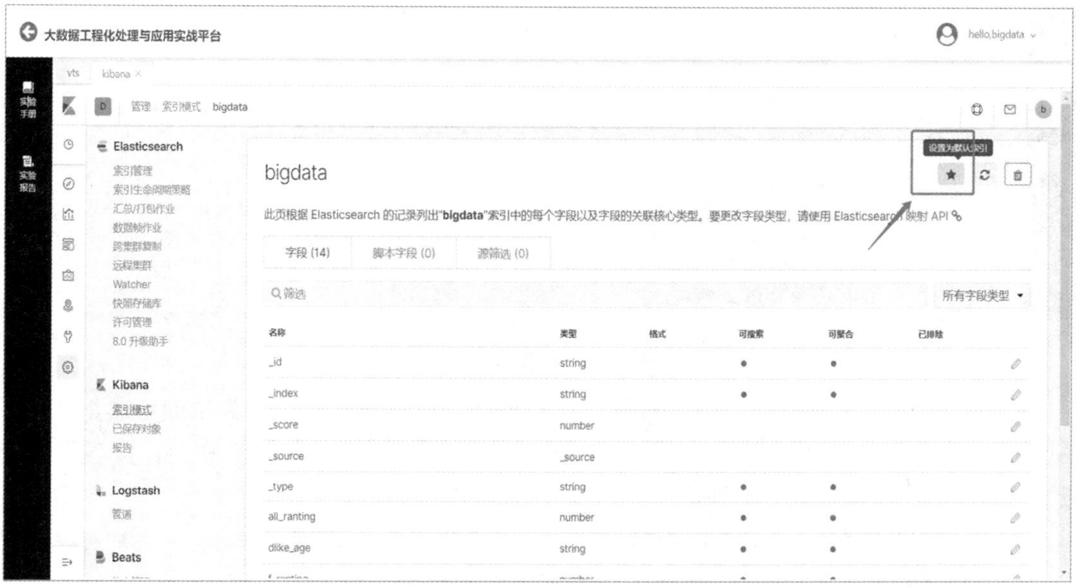

图7-17　单击 ★ 按钮

步骤三：制作电影推荐榜

从本任务描述中，可以了解第二个任务需求是能根据用户的个人信息，向用户推送符合其偏好的电影推荐榜，为了实现动态交互查询数据，需要使用 Kibana 组件提供的 "Discover" 选项。

返回 Kibana 组件的主页面，选择 "可视化和浏览数据" 模块中的 "Discover" 选项，打开后可以观察到每一条数据的属性及对应属性的值，在该模块下，可以通过左侧的筛选等操作实现交互式的数据浏览。

我们希望呈现给用户的数据信息分别为电影名称、电影类型及总体评分，对应的属性名称分别为 "title"、"type" 及 "all_ranting"，因此在左侧的选定字段和可用字段中分别找到名称为 "title"、"type" 及 "all_ranting" 的属性，将鼠标指针悬浮在相应的属性上，单击 "添加" 按钮，添加完成后，若右侧的视图窗口显示 3 列属性信息，并且第一行的字段名称分别为 "title"、"type" 及 "all_ranting"，则表示成功添加属性，运行结果如图 7-18 所示。

图7-18　添加检索字段

现在假设已知某女性用户的年龄段为年轻观众，观影偏好是冒险类型的电影，因此需要使用 Kibana 对数据进行筛选，筛选出"like_age"属性值为"年轻观众"，"type"属性值为"冒险""f_ranting"属性值为3～5 的电影数据。

首先，筛选出"like_age"属性值为"年轻观众"的电影数据。单击"+添加筛选"按钮，打开"编辑筛选"对话框，在"字段"下拉列表中选择"like_age"选项，在"运算符"下拉列表中选择"是"选项，在"值"下拉列表中选择"年轻观众"选项，单击"保存"按钮，如图 7-19 所示。

图7-19　设置筛选条件为"年轻观众"

若视图窗口上方显示"2465 次命中"，则表示成功筛选年轻观众，运行结果如图 7-20 所示。

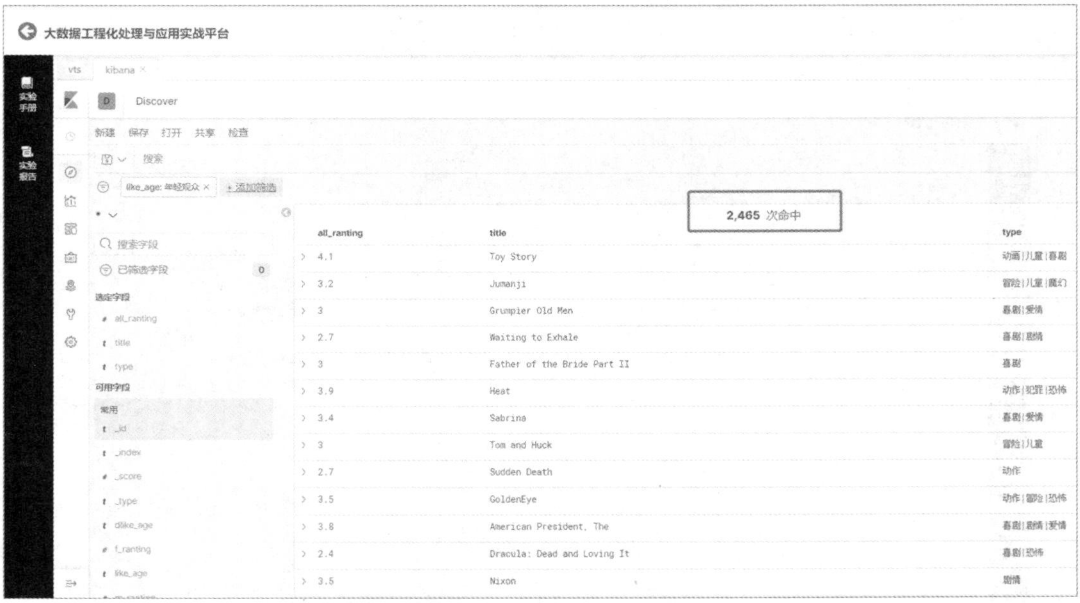

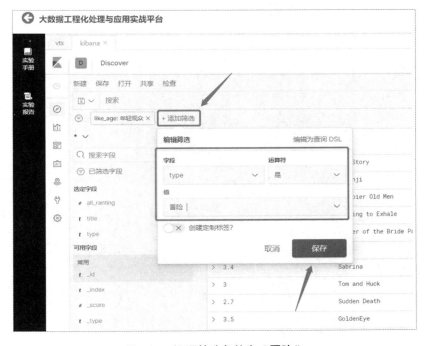

图7-20 筛选后的数据结果（1）

其次，筛选出"type"属性值为"冒险"的电影数据。单击"+添加筛选"按钮，打开"编辑筛选"对话框，在"字段"下拉列表中选择"type"选项，在"运算符"下拉列表中选择"是"选项，在"值"下拉列表中选择"冒险"选项，单击"保存"按钮，如图 7-21 所示。

图7-21 设置筛选条件为"冒险"

若视图窗口显示"204 次命中"，并且"type"列中含有"冒险"字符串，则表示成功筛选电影类型，运行结果如图 7-22 所示。

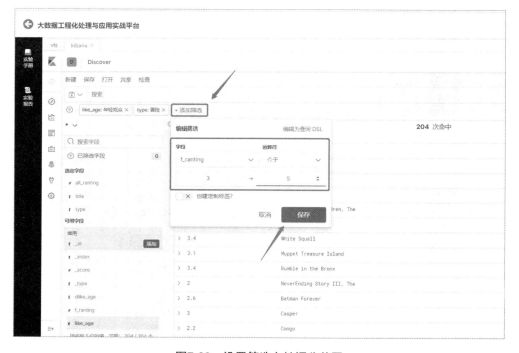

图7-22　筛选后的数据结果（2）

最后，筛选出女性评分指数"f_ranting"属性值为 3～5 的电影数据。单击"+添加筛选"按钮，打开"编辑筛选"对话框，在"字段"下拉列表中选择"f_ranting"选项，在"运算符"下拉列表中选择"介于"选项，在范围开始文本框中输入"3"，在范围结束文本框中输入"5"，单击"保存"按钮，如图 7-23 所示。

图7-23　设置筛选女性评分范围

若视图窗口显示"130 次命中",则表示成功筛选女性评分,运行结果如图 7-24 所示。

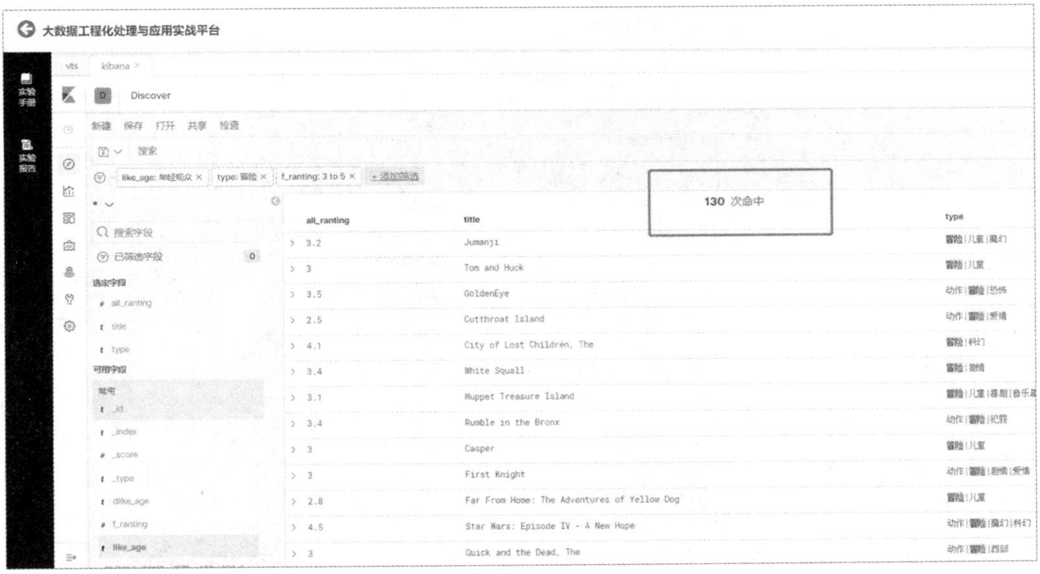

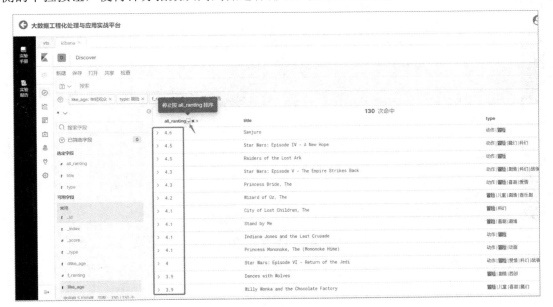

图7-24 筛选后的数据结果(3)

为了制作电影推荐榜,将所有评分指数从高到低进行排名,单击"all_rating"属性右侧的下拉按钮,使得评分指数从高到低进行排名,如图 7-25 所示。

图7-25 将所有评分指数从高到低进行排名

在视图窗口中选择"保存"选项,打开"保存 search"对话框,在"标题"文本框中输入"bigdata_电影推荐榜",单击"保存"按钮,保存评分指数排名,如图 7-26 所示。

图7-26　设置"保存 search"对话框

步骤四：制作电影词云图

从本任务描述中，可以了解第一个任务需求是体现该电影门户网站内电影类型的比重，使用图表方式进行展现，可以很直观地看到电影类型的比重情况。

返 Kibana 组件的主页面，选择"可视化和浏览数据"模块中的"Visualize"选项，打开"可视化"页面，单击"创建可视化"按钮，如图 7-27 所示。

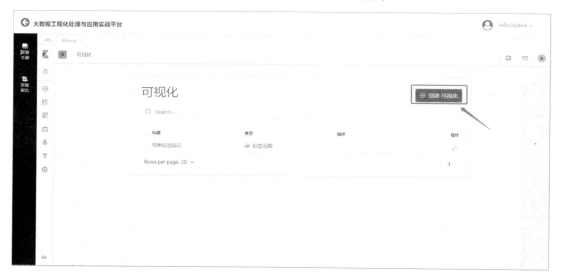

图7-27　单击"创建可视化"按钮

Visualize 提供了丰富的图表类型，单击"标签云图"按钮，如图 7-28 所示。

图7-28 单击"标签云图"按钮

Visualize 将会要求输入词云图的数据源,在此选择"bigdata"选项,如图 7-29 所示,之后将会跳转到词云图制作页面,在词云图制作页面中,左侧是数据处理选项,右侧是处理结果图。

图7-29 选择"bigdata"选项

第一个业务需求是体现该电影门户网站内电影类型的比重,可以通过聚合计算每个标签出现的次数,统计电影门户网站内电影类型的比重,打开"指标"列表框,并选择"标记大小"选项,在"聚合"下拉列表中选择"计数"选项,如图 7-30 所示。

图7-30　选择"计数"选项

打开"存储桶"列表框，并选择"标记"选项。在"聚合"下拉列表中选择"词"选项，在"字段"下拉列表中选择"_type"选项，在"顺序"下拉列表中选择"降序"选项，在"大小"文本框中输入"10"，如图7-31所示。

图7-31　配置聚合属性

运行之后，右侧的视图窗口显示了 10 个电影标签，并且在词云图中，各标签的顺序为"剧情"、"喜剧"、"恐怖"、"动作"、"爱情"、"冒险"、"科幻"、"儿童"、"犯罪"及"战争"（部分词的字号是相同的），说明词云图制作成功，运行结果如图 7-32 所示。

图7-32 制作电影词云图

【任务小结】

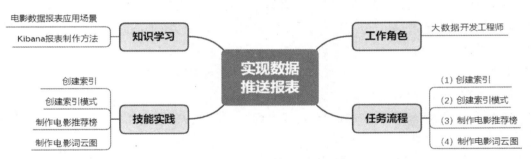

在本任务的学习中，读者可以构建 Kibana 索引模式连接 ES 数据，选择合适的图表类型将数据以图表形式展现出来，最终将各个图表信息汇总并实现交互式报表。

通过以上技能实践，希望读者可以巩固 Kibana 各类报表制作的知识。

【任务拓展】

基于本项目业务场景和原始数据，请尝试实现以下任务。

（1）现阶段很多用户喜欢冒险及爱情类型的电影，请开发一张报表，利用柱状图展示冒险、爱情等电影类型的评价情况。

（2）电影投资方想了解一下投资的几部电影的男女用户受欢迎程度，请开发一张报表，展示某种电影类型男女好评的比重。

参考文献

[1] 赵宏田. 用户画像：方法论与工程化解决方案[M]. 北京：机械工业出版社，2019.

[2] 朱松岭. 离线和实时大数据开发实战[M]. 北京：机械工业出版社，2019.

[3] Paulraj Ponniah. 数据仓库基础[M]. 段云峰，李剑威，韩洁，宋美娜，译. 北京：电子工业出版社，2004.

[4] 林子雨. 大数据技术原理与应用[M]. 北京：人民邮电出版社，2017.

[5] 武鹏程. 基于数据挖掘的城区空气质量影响因素分析及实证研究[D]. 湖北：中国地质大学（武汉），2008.

[6] 赵卫平，郝永攀，李晓静. 基于 ETL 技术的不动产数据整合建库方法[J]. 勘察科学技术，2017（S1）：176-179.

[7] 刘震洋. 近三年来河南博物院观众现状调查与研究（2011—2014 年）[D]. 2015.